1回目	2回目	3回目
1 正の数、負の数の計算	/16問	/16問	/16問

（例1） $(+3) + (+4)$
$\quad = +(3 + 4)$
$\quad = +7$

（例2） $(-1) + (-3)$
$\quad = -(1 + 3)$
$\quad = -4$

（例3） $(+2) + (-5)$
$\quad = -(5 - 2)$
$\quad = -3$

（例4） $(-4) + (+6)$
$\quad = +(6 - 4)$
$\quad = +2$

（例5） $(+9) - (+4)$
$\quad = (+9) + (-4)$
$\quad = +(9 - 4)$
$\quad = +5$

（例6） $(+8) - (-4)$
$\quad = (+8) + (+4)$
$\quad = +(8 + 4)$
$\quad = +12$

1 計算をしなさい。

（1） $(+1) + (+2)$

（2） $(-3) + (-2)$

（3） $(+6) + (-1)$

（4） $(-8) + (+10)$

（5） $(+12) - (+11)$

（6） $(+14) - (-7)$

（1）
（2）
（3）
（4）
（5）
（6）

2 計算をしなさい。

（1） $(+0.3) + (+0.9)$

（2） $(-2.4) + (-3.5)$

（3） $\left(+\dfrac{1}{2}\right) + \left(-\dfrac{1}{3}\right)$

（4） $\left(-\dfrac{1}{6}\right) + \left(+\dfrac{1}{3}\right)$

（5） $\left(+\dfrac{1}{2}\right) - \left(+\dfrac{5}{6}\right)$

（6） $\left(-\dfrac{1}{4}\right) - \left(-\dfrac{2}{3}\right)$

（1）
（2）
（3）
（4）
（5）
（6）

3 計算をしなさい。

（1） $-9 + 7 - 1$

（2） $(-11) + (-4) - (-10)$

（3） $9 - 7 - (-4) + (-12)$

（4） $(-4) - 3 - (-2) + 8$

（1）
（2）
（3）
（4）

（例1）$(+2) \times (+3)$
　　$= +(2 \times 3)$
　　$= 6$

（例2）$(+5) \times (-2)$
　　$= -(5 \times 2)$
　　$= -10$

（例3）$(-9) \div (+3)$
　　$= -(9 \div 3)$
　　$= -3$

（例4）$(-20) \div (-10)$
　　$= +(20 \div 10)$
　　$= 2$

1　計算をしなさい。

（1）$(+5) \times (+9)$

（2）$(+4) \times (-12)$

（3）$(-7) \times (+7)$

（4）$(-1) \times (-15)$

（5）$(-3) \times 0.6$

（6）$(-0.5) \times (-5)$

（1）
（2）
（3）
（4）
（5）
（6）

2　計算をしなさい。

（1）$(+30) \div (+5)$

（2）$(+18) \div (-9)$

（3）$(-21) \div (+7)$

（4）$(-56) \div (-8)$

（5）$0 \div (-11)$

（6）$(-2.7) \div (-0.3)$

（1）
（2）
（3）
（4）
（5）
（6）

3　計算をしなさい。

（1）$\dfrac{2}{5} \times \left(-\dfrac{1}{2}\right)$

（2）$\left(-\dfrac{7}{10}\right) \times \dfrac{5}{14}$

（3）$\left(-\dfrac{5}{6}\right) \div 10$

（4）$\left(-\dfrac{3}{8}\right) \div \left(-\dfrac{9}{8}\right)$

（1）
（2）
（3）
（4）

(例1) $(-5) \times (-3) \times (-2)$	(例2) $(-3)^3$	(例3) $9 + (-2) \times 3$
$= -(5 \times 3 \times 2)$	$= (-3) \times (-3) \times (-3)$	$= 9 - 6$
$= -30$	$= -27$	$= 3$

1 計算をしなさい。

(1) $2 \times (-1) \times (-3)$

(2) $(-3) \times (-2) \times (-4)$

(3) $(-1.2) \times (-10) \times 3$

(4) $(-25) \div 5 \div (-5)$

(5) $\dfrac{1}{2} \div \dfrac{1}{4} \times (-2)$

(6) $\left(-\dfrac{3}{4}\right) \div \left(-\dfrac{3}{5}\right) \div \left(-\dfrac{5}{2}\right)$

(1)	
(2)	
(3)	
(4)	
(5)	
(6)	

2 計算をしなさい。

(1) 4^2

(2) $(-3)^2$

(3) -5^2

(4) $(-2)^2 \times (-3)^2$

(5) $(-6^2) \div (-3)^2$

(6) $(-4)^3 \div (-2^2)$

(1)	
(2)	
(3)	
(4)	
(5)	
(6)	

3 計算をしなさい。

(1) $-2 - 14 \div (-7)$

(2) $-5 + 4 \times (-3)$

(3) $16 + (-24) \div (-2^2)$

(4) $(-3^2) \times 2 - (-3)^2$

(1)	
(2)	
(3)	
(4)	

3

（例1）分配法則

$$\left(\frac{1}{2}+3\right)\times 2$$

$$=\frac{1}{2}\times 2+3\times 2$$

$$=1+6$$

$$=7$$

（例2）分配法則

$$6\times(-27)+6\times 127$$

$$=6\times(-27+127)$$

$$=6\times 100$$

$$=600$$

1 分配法則を使って，計算をしなさい。

（1） $12\times\left(\frac{1}{3}+\frac{1}{4}\right)$

（2） $(-4)\times\left(2-\frac{3}{4}\right)$

（3） $-36\times\left(-\frac{5}{12}+\frac{7}{36}\right)$

（4） $\left(\frac{1}{6}+\frac{2}{9}\right)\times(-18)$

（5） $-6\times\left(-\frac{9}{2}-\frac{4}{3}\right)$

（6） $\left(-\frac{3}{2}-\frac{4}{5}\right)\times(-10)$

（1）	
（2）	
（3）	
（4）	
（5）	
（6）	

2 分配法則を使って，計算をしなさい。

（1） $13\times 4+13\times 96$

（2） $40\times 17+60\times 17$

（3） $24\times(-15)-24\times 5$

（4） $45\times 16+155\times 16$

（5） $21\times 12.5+79\times 12.5$

（6） $1.6\times 1.7-1.6\times 0.7$

（1）	
（2）	
（3）	
（4）	
（5）	
（6）	

5　文字の式

（例1）$7 \times x$

$= 7x$

（例2）$a \times a$

$= a^2$

（例3）$-6 \div x$

$= -\dfrac{6}{x}$

1　次の式を，文字式の表し方にしたがって書きなさい。

（1）$2 \times x$

（2）$-3 \times a$

（3）$x \times x \times x$

（4）$(x + y) \times 2$

（5）$a \times b \times c$

（6）$x - y \times 3$

（1）
（2）
（3）
（4）
（5）
（6）

2　次の式を，文字式の表し方にしたがって書きなさい。

（1）$x \div 5$

（2）$-x \div 7$

（3）$3a \div 6$

（4）$(x + y) \div 8$

（5）$a \div b \div c$

（6）$-x \div 2 \div y$

（1）
（2）
（3）
（4）
（5）
（6）

3　次の式を，文字式の表し方にしたがって書きなさい。

（1）$m \times 3 + n \times 2$

（2）$x \div 5 + y \div 3$

（3）$9 \times a \times a - 10 \times b$

（4）$(x + y) \div z$

（1）
（2）
（3）
（4）

5

（例1）1冊 x 円のノートを5冊買い，1000円出したときのおつりを表す式を書きなさい。

$1000 - 5x$ （円）

（例2）x g の2割の重さを表す式を書きなさい。

$x \times \dfrac{2}{10}$

$= \dfrac{1}{5}x$ （0.2x）

$\dfrac{1}{5}x$ g　（0.2x g）

1　次の数量を表す式を書きなさい。

（1）1個 x 円のみかん6個と1個 y 円のりんごを7個買ったときの代金

（2）1冊 a 円の雑誌を2冊買って，1000円出したときのおつり

（3）時速 x km で，3時間進んだときの道のり

（4）a km の道のりを6時間で進んだときの速さ

（5）x km の山道を時速2 km で登ったときにかかる時間

（1）
（2）
（3）
（4）
（5）

2　次の式を，文字式の表し方にしたがって書きなさい。

（1）x kgの7割の重さ

（2）a 人の 35％の人数

（3）定価 x 円の靴を，定価の3割引きで買ったときの代金

（1）
（2）
（3）

3　次の数量を表す式を書きなさい。

（1）1辺の長さが x cm の正方形の面積

（2）底辺の長さが x cm，高さが h cm の三角形の面積

（1）
（2）

7　式の値

(例) $x = 2$ のとき，次の式の値を求めなさい。

① $2x + 3$
$= 2 \times 2 + 3$
$= 7$

② $\dfrac{4}{x}$
$= 4 \div 2$
$= 2$

1　$a = 2$ のとき，次の式の値を求めなさい。

(1) $a + 2$　　　　　　　　(2) $-a$

(3) $5 - 2a$　　　　　　　(4) $\dfrac{a}{2}$

(5) a^2　　　　　　　　(6) $-a^2$

(1)	
(2)	
(3)	
(4)	
(5)	
(6)	

2　$x = 3$, $y = -4$ のとき，次の式の値を求めなさい。

(1) $x + y$　　　　　　　　(2) $\dfrac{y}{x}$

(3) $2x - y$　　　　　　　(4) $\dfrac{1}{3}x + \dfrac{1}{4}y$

(5) $2x^2 + y$　　　　　　(6) $\dfrac{x}{y^2}$

(1)	
(2)	
(3)	
(4)	
(5)	
(6)	

3　$x = \dfrac{1}{2}$, $y = 6$ のとき，次の式の値を求めなさい。

(1) $2x + y$　　　　　　　(2) xy

(3) $12x - y$　　　　　　(4) $\dfrac{y}{x}$

(1)	
(2)	
(3)	
(4)	

（例）次の式を簡単にしなさい。

① $x + x$

$= 2x$

② $2x - x + 2$

$= x + 2$

③ $2a + (a + 4)$

$= 2a + a + 4$

$= 3a + 4$

④ $2a - (a + 4)$

$= 2a - a - 4$

$= a - 4$

1　次の式を簡単にしなさい。

（1）$2x + 5x$

（2）$5x + x$

（3）$3x + x + 1$

（4）$8x + 9 + 6x$

（5）$5a - 1 + 2a$

（6）$2b + 5 + 3b - 3$

(1)
(2)
(3)
(4)
(5)
(6)

2　次の式を簡単にしなさい。

（1）$3x - 2x$

（2）$5x - x$

（3）$4x - x - 1$

（4）$-7x + 6 - x$

（5）$-2a + 9 + a$

（6）$\frac{3}{2}m - \frac{1}{2}m - 2$

(1)
(2)
(3)
(4)
(5)
(6)

3　次の式を簡単にしなさい。

（1）$x + (x + 3)$

（2）$2x - (x - 7)$

（3）$6a - 5 + (a + 9)$

（4）$-2b - 1 - (-5 - 3b)$

(1)
(2)
(3)
(4)

（例）次の計算をしなさい。

① $2x \times 3$

$= 6x$

② $9x \div 3$

$= \dfrac{9x}{3}$

$= 3x$

③ $2(3x + 5)$

$= 2 \times 3x + 2 \times 5$

$= 6x + 10$

④ $(2x + 2) \div \dfrac{2}{3}$

$= 2x \times \dfrac{3}{2} + 2 \times \dfrac{3}{2}$

$= 3x + 3$

1　次の計算をしなさい。

（1）$5x \times 3$

（2）$-2x \times 4$

（3）$7y \times (-1)$

（4）$6x \div 3$

（5）$12a \div (-4)$

（6）$-28x \div (-7)$

(1)	
(2)	
(3)	
(4)	
(5)	
(6)	

2　次の計算をしなさい。

（1）$2(2x + 4)$

（2）$-3(x - 6)$

（3）$(4x - 1) \times (-2)$

（4）$(20x + 10) \div 5$

（5）$(15x - 5) \div 5$

（6）$(-21a - 7) \div (-3)$

(1)	
(2)	
(3)	
(4)	
(5)	
(6)	

3　次の計算をしなさい。

（1）$4 \times \dfrac{5x-3}{2}$

（2）$\dfrac{2x+1}{4} \times (-4)$

（3）$(15a + 5) \div \dfrac{5}{2}$

（4）$(-2x - 3) \div \dfrac{1}{3}$

(1)	
(2)	
(3)	
(4)	

（例）次の計算をしなさい。

① $2(2x+1)+3(x+4)$

$= 4x+2+3x+12$

$= 7x+14$

② $-2(2x+1)-3(x-4)$

$= -4x-2-3x+12$

$= -7x+10$

1　次の計算をしなさい。

（1）$2(x+1)+3(x+2)$

（2）$3(x-1)+4(2x+3)$

（3）$5(2x-3)+4(x+5)$

（4）$-2(x-1)+6(x-3)$

（5）$-3(3x-1)+5(x-6)$

（6）$-7(x+2)+8(x-4)$

（1）
（2）
（3）
（4）
（5）
（6）

2　次の式を計算しなさい。

（1）$2(x+2)-(x+4)$

（2）$3(3x+4)-2(5x-1)$

（3）$4(2a-3)-5(a+3)$

（4）$-(x+5)-(2x-8)$

（5）$-3(2b-1)-5(b+2)$

（6）$-7(5x-1)-5(-7x-2)$

（1）
（2）
（3）
（4）
（5）
（6）

3　次の式の計算をしなさい。

（1）$2(3a-6)+\frac{1}{2}(4a-18)$

（2）$\frac{2}{3}(6b-9)+(9b-7)$

（3）$-x+4-\frac{1}{5}(10x+15)$

（4）$\frac{1}{3}(9x-12)-\frac{1}{4}(8x-20)$

（1）
（2）
（3）
（4）

11 文字式の計算

（例）次の数量の関係を等式にしなさい。

① 1本120円のボールペンをx本買ったときの代金は840円です。

$$120x = 840$$

② 兄の体重は$x$kg，弟の体重は$y$kgで，2人の体重の合計は80kg以下です。

$$x + y \leqq 80$$

---

1 次の数量の関係を，等式に表しなさい。

（1）50円の消しゴムx個と，70円のノートy冊の代金の合計は430円です。

（2）1kg a円の米10kgの代金はb円です。

（3）1000円出して，x円の品物を買ったときのおつりはy円です。

（4）xmのひもからymのひもを3本切り取ったら，zm残りました。

（5）時速$x$kmでt時間走ると$y$km進みます。

(1)	
(2)	
(3)	
(4)	
(5)	

---

2 次の数量の関係を等式に表しなさい。

（1）ある数xを5倍して6を加えると，70以上になります。

（2）1個a円の品物7個とb円の品物を1個買ったら，代金の合計は2000円以下でした。

（3）Aさんの所持金はx円，Bさんの所持金はy円で，二人の所持金の合計は3500円未満です。

（4）50kmの道のりを時速$x$kmで走ったら，y時間以上かかりました。

（5）1個300円のケーキをa個買って，100円の箱につめてもらったところ，代金の合計は1500円より高くなりました。

(1)	
(2)	
(3)	
(4)	
(5)	

（例）次の方程式を，等式の性質を使って解きなさい。

① $x - 2 = 4$
両辺に 2 をたす
$x - 2 + 2 = 4 + 2$
$x = 6$

② $x + 5 = 3$
両辺から 5 をひく
$x + 5 - 5 = 3 - 5$
$x = -2$

③ $\frac{1}{2}x = 3$
両辺に 2 をかける
$\frac{1}{2}x \times 2 = 3 \times 2$
$x = 6$

④ $4x = -8$
両辺を 4 でわる
$4x \div 4 = -8 \div 4$
$x = -2$

---

1 次の方程式を，等式の性質を使って解きなさい。

（1）$x - 4 = 6$ 　　　（2）$x - 7 = -1$

（3）$x - 5 = -3$ 　　　（4）$x + 3 = 3$

（5）$x + 6 = -2$ 　　　（6）$x + 11 = 5$

（1）
（2）
（3）
（4）
（5）
（6）

2 次の方程式を，等式の性質を使って解きなさい。

（1）$\frac{1}{2}x = 5$ 　　　（2）$-\frac{1}{4}x = 3$

（3）$-\frac{1}{3}x = -1$ 　　　（4）$2x = 8$

（5）$5x = -30$ 　　　（6）$-3x = -15$

（1）
（2）
（3）
（4）
（5）
（6）

3 次の方程式を，等式の性質を使って解きなさい。

（1）$\frac{3}{2}x = 2$ 　　　（2）$-\frac{3}{4}x = 9$

（3）$\frac{x}{9} = 3$ 　　　（4）$\frac{x}{5} = -11$

（1）
（2）
（3）
（4）

13 方程式

（例）次の方程式を解きなさい。

① $3x + 20 = 5$

左辺の 20 を右辺に移項して

$3x = 5 - 20$

$3x = -15$

$x = -5$

② $x + 5 = -2x + 8$

左辺の 5 を右辺へ，

右辺の $-2x$ を左辺へ移項して

$x + 2x = 8 - 5$

$3x = 3$

両辺を 3 でわる

$x = 1$

1 次の方程式を解きなさい。

（1）$3x - 2 = 7$

（2）$6x - 9 = 9$

（3）$-8 + 4x = 16$

（4）$-2x + 9 = 21$

（5）$10 - 8x = -6$

（6）$14x - 20 = 50$

（1）
（2）
（3）
（4）
（5）
（6）

2 次の方程式を解きなさい。

（1）$x + 3 = -x - 5$

（2）$2x + 5 = 6x - 15$

（3）$-x - 2 = -3x + 12$

（4）$9x - 6 = 10 + 5x$

（5）$12 - x = 30 - 7x$

（6）$2 - 8x = 2x - 48$

（1）
（2）
（3）
（4）
（5）
（6）

3 次の方程式を解きなさい。

（1）$2x + 6 = -x + 7$

（2）$2 - 9x = 5x - 3$

（1）
（2）

14 方程式

（例題）次の方程式を解きなさい。

① $2x + 3(x + 1) = 13$

かっこをはずす

$2x + 3x + 3 = 13$

$5x = 10$

$x = 2$

② $\dfrac{x}{2} + \dfrac{1}{3} = \dfrac{3}{2}x - 1$

6 を両辺にかける

$\left(\dfrac{x}{2} + \dfrac{1}{3}\right) \times 6 = \left(\dfrac{3}{2}x - 1\right) \times 6$

$3x + 2 = 9x - 6$

$-6x = -8$

$x = \dfrac{4}{3}$

③ $0.2x - 0.4 = 0.8$

両辺に 10 をかける

$2x - 4 = 8$

$2x = 12$

$x = 6$

---

1 次の方程式を解きなさい。

（1） $x - 2(x + 4) = 5$

（2） $4x + 1 = -5(2 - 3x)$

（3） $-7(2x - 1) + 16 = -5$

（4） $2(3x - 5) = 4(x + 1)$

（1）
（2）
（3）
（4）

---

2 次の方程式を解きなさい。

（1） $\dfrac{x}{6} + \dfrac{1}{2} = \dfrac{2}{3}$

（2） $\dfrac{x}{4} + 2 = \dfrac{x}{2}$

（3） $\dfrac{x+1}{7} = \dfrac{1}{3}x$

（4） $\dfrac{x-3}{4} = \dfrac{2x-5}{6}$

（1）
（2）
（3）
（4）

---

3 次の方程式を解きなさい。

（1） $1.5x - 0.5 = 4$

（2） $0.2x = 3 - 0.3x$

（3） $2x - 1 = 0.5x + 3.5$

（4） $0.25x - 0.4x = 0.04$

（1）
（2）
（3）
（4）

$$15 \quad 方程式$$

比例式の性質 $\quad a:b=c:d \quad$ ならば $\quad ad=bc$

（例）次の比例式を解きなさい。

$$x:4=3:2$$
$$2x=12$$
$$x=6$$

1　次の比例式を解きなさい。

（1）$x:2=6:4$

（2）$x:3=8:4$

（3）$4:3=x:6$

（4）$7:4=x:8$

（5）$18:x=9:2$

（6）$15:6=10:x$

(1)
(2)
(3)
(4)
(5)
(6)

2　次の比例式を解きなさい。

（1）$3:2x=4:8$

（2）$9:\dfrac{15}{2}=6:x$

（3）$\dfrac{1}{4}:7=x:8$

（4）$\dfrac{12}{5}:x=4:5$

(1)
(2)
(3)
(4)

3　次の比例式を解きなさい。

（1）$0.2:0.7=1:x$

（2）$4:3=x:(x-2)$

（3）$(a+1):10=5:2$

（4）$2:3=(a+5):a$

(1)
(2)
(3)
(4)

15

(例)次の計算をしなさい。

① $(2x - y) + (3x + 4y)$

$= 2x + 3x - y + 4y$

$= 5x + 3y$

② $(2x - y) - (3x + 4y)$

$= 2x - y - 3x - 4y$

$= 2x - 3x - y - 4y$

$= -x - 5y$

③ $\dfrac{x+1}{3} - \dfrac{x-1}{2}$

$= \dfrac{2(x+1)}{6} - \dfrac{3(x-1)}{6}$

$= \dfrac{2x+2-3x+3}{6}$

$= \dfrac{-x+5}{6}$

---

1 次の計算をしなさい。

（1）$7x - y + 5x - 3y$

（2）$4xy - 9x - 2xy + 8x$

（3）$(3x - 4y) - (2x + y)$

（4）$(-a + 2b) - (-6a + 12b)$

（5）$2x - (3x + 5)$

（6）$2a - 3b - (a - 2b)$

（1）
（2）
（3）
（4）
（5）
（6）

2 次の計算をしなさい。

（1）$2(3x - 5y)$

（2）$(5x + 6) \times 4$

（3）$5(x + y) + 3(x - 2y)$

（4）$4(a - 3b) - 2(3a - 6b)$

（5）$(21x - 9y) \div 3$

（6）$(-18a + 27b) \div (-9)$

（1）
（2）
（3）
（4）
（5）
（6）

3 次の計算をしなさい。

（1）$\dfrac{x+1}{2} + \dfrac{2x+3}{2}$

（2）$\dfrac{x-y}{3} - \dfrac{2x+3y}{6}$

（3）$\dfrac{3x-y}{5} - \dfrac{-x-6y}{10}$

（4）$\dfrac{7x-y}{3} - \dfrac{2x+5y}{2}$

（1）
（2）
（3）
（4）

17　式の計算

(例)次の計算をしなさい。

① $(-2x)^2$
 $=(-2x) \times (-2x)$
 $=(-2) \times (-2) \times x \times x$
 $=4x^2$

② $(-5x) \times 2y^2$
 $=(-5) \times 2 \times x \times y \times y$
 $=-10xy^2$

③ $(2a)^2 \times \frac{2}{3}$
 $=(2a \times 2a) \times \frac{2}{3}$
 $=4a^2 \times \frac{2}{3}$
 $=\frac{8}{3}a^2$

1　次の計算をしなさい。

(1) $3x \times 4x$

(2) $(5x)^2$

(3) $(-8a)^2$

(4) $-(3a)^2$

(5) $-(6x)^2$

(6) $-(-4x)^2$

(1)
(2)
(3)
(4)
(5)
(6)

2　次の計算をしなさい。

(1) $2x \times (3x)^2$

(2) $(2a)^2 \times a$

(3) $(-y)^2 \times 12y$

(4) $3x^2 \times 6y^2$

(5) $(5a)^2 \times ab$

(6) $\frac{1}{4}x \times (-2x)^2$

(1)
(2)
(3)
(4)
(5)
(6)

3　次の計算をしなさい。

(1) $(-3x)^3 \times \frac{1}{27}$

(2) $\frac{7}{24} \times (-12x^3)$

(1)
(2)

18 式の計算

(例)次の計算をしなさい。

① $\dfrac{3}{2}x^2 \div \dfrac{3}{4}x$

$= \dfrac{3x^2}{2} \times \dfrac{4}{3x}$

$= \dfrac{3 \times 4 \times x \times x}{2 \times 3 \times x}$

$= 2x$

② $\dfrac{3}{2}x^2 \div \dfrac{3}{4}x \times \dfrac{1}{2}x$

$= \dfrac{3x^2}{2} \times \dfrac{4}{3x} \times \dfrac{x}{2}$

$= \dfrac{3 \times 4 \times x \times x \times x}{2 \times 3 \times 2 \times x}$

$= x^2$

$\boxed{1}$ 次の計算をしなさい。

(1) $10xy \div 5x$

(2) $(-16xy) \div 8xy$

(3) $32ab \div (-4a)$

(4) $(-x^3) \div x$

(5) $15x^2y \div (-3xy)$

(6) $(-9xy) \div (-3y)$

(1)
(2)
(3)
(4)
(5)
(6)

$\boxed{2}$ 次の計算をしなさい。

(1) $4xy \div \dfrac{1}{2}xy$

(2) $20x^2 \div \left(-\dfrac{5}{2}x\right)$

(3) $-\dfrac{2}{3}x^2 \div \dfrac{2}{9}x$

(4) $-\dfrac{5}{8}x^2 \div \dfrac{15}{16}x$

(5) $\dfrac{4}{5}ab^2 \div \dfrac{1}{2}ab$

(6) $3x^2y^2 \div \left(-\dfrac{1}{2}xy^2\right)$

(1)
(2)
(3)
(4)
(5)
(6)

$\boxed{3}$ 次の計算をしなさい。

(1) $a^3 \times a^2 \div a^6$

(2) $(-2x)^2 \div x \times (-4x)$

(1)
(2)

（例）① $a = 2$, $b = 3$のとき，次の式の値を
　　求めなさい。

$$3a + 2b$$
$$= 3 \times 2 + 2 \times 3$$
$$= 6 + 6$$
$$= 12$$

② 次の等式を，〔 〕内の文字に
ついて解きなさい。

$$4x - 2y = 8 \quad 〔y〕$$
$$-2y = -4x + 8$$
$$y = 2x - 4$$

1　$x = 3$，$y = 5$ のとき，次の式の値を求めなさい。

（1）$x + y$

（2）$-x - 3y$

（3）$3x - 2y$

（4）$x^2 + y$

(1)	
(2)	
(3)	
(4)	

2　$a = 4$ ，$b = -2$ のとき，次の式の値を求めなさい。

（1）$2a - 3b$

（2）$3a + (2a - b)$

（3）$-7a - (2a - 3b)$

（4）$3ab \times b$

（5）$a^2 \times 3ab$

（6）$-a^3 \div a^2 b \times b^2$

(1)	
(2)	
(3)	
(4)	
(5)	
(6)	

3　次の等式を，〔 〕内の文字について解きなさい。

（1）$x + 7y = 15$ 　〔x〕

（2）$x + 2y = 8$ 　〔y〕

（3）$a = 2b + c$ 　〔b〕

（4）$S = \dfrac{1}{2}ab$ 　〔a〕

(1)	
(2)	
(3)	
(4)	

19

(例) 次の連立方程式を加減法で解きなさい。

$$\begin{cases} 3x + 2y = 5 & \cdots ① \\ 5x - 3y = 21 & \cdots ② \end{cases}$$

①×3, ②×2 をして, ①と②の

左辺どうし, 右辺どうしをたす。

$$\begin{array}{r} 9x + 6y = 15 \quad \cdots ① \\ +)\ 10x - 6y = 42 \quad \cdots ② \\ \hline 19x \quad\quad = 57 \\ x \quad\quad = 3 \end{array}$$

$x = 3$　これを①に代入すると,

$$3 \times 3 + 2y = 5$$
$$2y = 5 - 9$$
$$2y = -4$$
$$y = -2$$

連立方程式の解は $(x,\ y) = (3, -2)$

1　次の連立方程式を加減法で解きなさい。

(1) $\begin{cases} x + y = 1 \\ 3x + y = 5 \end{cases}$

(2) $\begin{cases} x + y = 1 \\ x + 2y = -2 \end{cases}$

(3) $\begin{cases} x + 2y = 5 \\ -x + y = 1 \end{cases}$

(4) $\begin{cases} x - y = 4 \\ 3x - y = 6 \end{cases}$

(1)
(2)
(3)
(4)

2　次の連立方程式を加減法で解きなさい。

(1) $\begin{cases} 5x + 2y = 8 \\ x - y = 3 \end{cases}$

(2) $\begin{cases} -x + y = -1 \\ 4x - 5y = 7 \end{cases}$

(1)
(2)
(3)
(4)

(3) $\begin{cases} 3x + 4y = 11 \\ 5x + 3y = 11 \end{cases}$

(4) $\begin{cases} 5x - 8y = -55 \\ 2x - 5y = -31 \end{cases}$

（例）次の連立方程式を代入法で解きなさい。

$$\begin{cases} x + y = 8 & \cdots ① \\ y = 3x & \cdots ② \end{cases}$$

②を①に代入して，$x + 3x = 8$

$$4x = 8$$
$$x = 2 \cdots ③$$

③を②に代入して，$y = 3 \times 2 = 6$　　　　連立方程式の解は $(x,\ y) = (2,\ 6)$

1　次の連立方程式を代入法で解きなさい。

（1）$\begin{cases} x + y = 11 \\ y = x + 1 \end{cases}$　　　　（2）$\begin{cases} y = 7x - 5 \\ 5x + y = 31 \end{cases}$

(1)	
(2)	
(3)	
(4)	

（3）$\begin{cases} x - 3y = 4 \\ x = y + 2 \end{cases}$　　　　（4）$\begin{cases} x = y - 4 \\ x + y = 8 \end{cases}$

2　次の連立方程式を代入法で解きなさい。

（1）$\begin{cases} 3x + y = 13 \\ 3x = 2y + 1 \end{cases}$　　　　（2）$\begin{cases} 3x = 5y \\ 3x + y = 18 \end{cases}$

(1)	
(2)	
(3)	
(4)	

（3）$\begin{cases} 6y = 7x - 9 \\ 5x - 6y = 15 \end{cases}$　　　　（4）$\begin{cases} 3x + 2y = 1 \\ x - 2y = 3 \end{cases}$

1回目	2回目	3回目
/6問	/6問	/6問

（例）次の連立方程式を解きなさい。

$\begin{cases} 0.2x + 0.2y = 0.6 \cdots ① \\ 0.2x - 0.1y = 0.3 \cdots ② \end{cases}$

①×10、②×10

$\begin{cases} 2x + 2y = 6 \cdots ③ \\ 2x - y = 3 \ \cdots ④ \end{cases}$

③－④

$3y = 3$

$y = 1$

$y = 1$ を④に代入する

$2x - 1 = 3$

$2x = 4$

$x = 2$

$(x, y) = (2, 1)$

1　次の連立方程式を解きなさい。

（1）$\begin{cases} 0.1x + 0.1y = 0.1 \\ 0.3x + 0.1y = 0.5 \end{cases}$
（2）$\begin{cases} 0.2x + 0.3y = 0.5 \\ 0.1x + 0.3y = 0.4 \end{cases}$

（1）
（2）

2　次の連立方程式を解きなさい。

（1）$\begin{cases} 2x + y = 1 \\ \frac{x-1}{3} + y = 4 \end{cases}$
（2）$\begin{cases} x + 3y = 0 \\ \frac{x}{3} + \frac{y}{2} = \frac{1}{2} \end{cases}$

（1）
（2）

3　次の連立方程式を解きなさい。

（1）$-3x + 5y = 3x - 7y = -2$
（2）$4x - y = x + y = 5$

（1）
（2）

23 式の展開

(例)次の計算をしなさい。

$2x(x + 7)$

$= 2x \times x + 2x \times 7$

$= 2x^2 + 14x$

(例)次の式を展開しなさい。

$(x + 2)(y + 3)$

$= xy + 3x + 2y + 6$

1 次の計算をしなさい。

（1）$a(a + 5)$

（2）$-2x(x + 3)$

（3）$(5x - 3) \times 6x$

（4）$(10x^2 + 5x) \div 5x$

（5）$(-a^2b - 3ab^2) \div ab$

（6）$(14x^2 - 7x) \div (-7x)$

（1）
（2）
（3）
（4）
（5）
（6）

2 次の式を展開しなさい。

（1）$(a + 4)(b + 3)$

（2）$(x + 6)(y - 2)$

（3）$(y + 1)(y + 8)$

（4）$(x - 3)(x - 2)$

（5）$(2x + 3)(x - 5)$

（6）$(3a + 5b)(4a - b)$

（1）
（2）
（3）
（4）
（5）
（6）

3 次の式を展開しなさい。

（1）$(x + 2)(x + y + 2)$

（2）$(a + b)(a - b + 6)$

（3）$(x - 4)(x + y + 5)$

（4）$(a + b - 2)(a - 5)$

（1）
（2）
（3）
（4）

(例)次の式を展開しなさい。

① $(x+2)(x+4)$
$= x^2 + (2+4)x + 2 \times 4$
$= x^2 + 6x + 8$

② $(x+3)^2$
$= x^2 + 2 \times 3 \times x + 3^2$
$= x^2 + 6x + 9$

③ $(x+3)(x-3)$
$= x^2 - 3^2$
$= x^2 - 9$

1　次の式を展開しなさい。

（1）$(x+2)(x+3)$

（2）$(x+8)(x-2)$

（3）$(y-4)(y+6)$

（4）$(y-9)(y-8)$

（5）$(a-4)(a+10)$

（6）$\left(x+\dfrac{1}{3}\right)\left(x+\dfrac{2}{3}\right)$

（1）
（2）
（3）
（4）
（5）
（6）

2　次の式を展開しなさい。

（1）$(x+1)^2$

（2）$(x-2)^2$

（3）$(x+6)^2$

（4）$(5-y)^2$

（5）$(2x-1)^2$

（6）$(3a+7)^2$

（1）
（2）
（3）
（4）
（5）
（6）

3　次の式を展開しなさい。

（1）$(x+4)(x-4)$

（2）$(x-5)(x+5)$

（3）$(6+x)(6-x)$

（4）$\left(a+\dfrac{1}{2}\right)\left(a-\dfrac{1}{2}\right)$

（1）
（2）
（3）
（4）

1回目	2回目	3回目
/15問	/15問	/15問

(例)① 20 を素因数分解しなさい。　② 次の式を因数分解しなさい。　③ 次の式を因数分解しなさい。

$2 \times 2 \times 5$

$= 2^2 \times 5$

$2x^2 - 4x$

$= 2x \times x - 2x \times 2$

$= 2x(x - 2)$

$x^2 - 4$

$= x^2 - 2^2$

$= (x + 2)(x - 2)$

1　次の問いに答えなさい。

（1）20 以下の素数をすべて答えなさい。

（2）40 を素因数分解しなさい。

（3）96 を素因数分解しなさい。

（1）
（2）
（3）

2　次の式を因数分解しなさい。

（1）$3x^2 - 3x$　　　　（2）$ax^2 + x^2$

（3）$4x^2 - 12xy$　　　（4）$2x^2y - 3xy^2$

（5）$a^2 - 3ab + 5a$　　（6）$4x^2y - 6xy^2 - 10xy$

（1）
（2）
（3）
（4）
（5）
（6）

3　次の式を因数分解しなさい。

（1）$x^2 - 16$　　　　（2）$x^2 - 49$

（3）$y^2 - 36$　　　　（4）$4a^2 - 9$

（5）$25x^2 - 16$　　　（6）$49x^2 - 81$

（1）
（2）
（3）
（4）
（5）
（6）

(例)次の式を因数分解しなさい。

① $x^2 + 6x + 9$

$= x^2 + 2 \times x \times 3 + 3^2$

$= (x + 3)^2$

② $x^2 + 5x + 6$

積が $+6$, 和が $+5$ なので

$= (x + 2)(x + 3)$

---

1 次の式を因数分解しなさい。

(1) $x^2 + 8x + 16$

(2) $x^2 + 10x + 25$

(3) $x^2 - 6x + 9$

(4) $x^2 - 14x + 49$

(5) $9x^2 - 12x + 4$

(6) $9x^2 + 6x + 1$

(1)	
(2)	
(3)	
(4)	
(5)	
(6)	

---

2 次の式を因数分解しなさい。

(1) $x^2 + 6x + 8$

(2) $x^2 + 7x + 10$

(3) $x^2 + 8x + 15$

(4) $a^2 - 11a + 18$

(5) $y^2 - 8y + 7$

(6) $x^2 - 10x + 21$

(1)	
(2)	
(3)	
(4)	
(5)	
(6)	

---

3 次の式を因数分解しなさい。

(1) $x^2 + 6x - 7$

(2) $x^2 - 2x - 8$

(3) $x^2 - 13x + 30$

(4) $x^2 + x - 30$

(5) $x^2 - 5x - 36$

(6) $x^2 - 2x - 120$

(1)	
(2)	
(3)	
(4)	
(5)	
(6)	

(例)次の式を因数分解しなさい。

① $2x^2 + 6x + 4$

$= 2(x^2 + 3x + 2)$

$= 2(x + 1)(x + 2)$

② $(x + 2)^2 + 3(x + 2) + 2$

$x + 2 = M$ とおく

$= M^2 + 3M + 2$

$= (M + 2)(M + 1)$

$= (x + 2 + 2)(x + 2 + 1)$

$= (x + 4)(x + 3)$

1　次の式を因数分解しなさい。

（1）$3x^2 + 12x + 9$

（2）$x^2y - y$

（3）$4 - 36a^2$

（4）$ax^2 - ax - 6a$

（5）$2a^2 - 6ab - 20b^2$

（6）$-5x^2y + 20xy - 20y$

（1）	
（2）	
（3）	
（4）	
（5）	
（6）	

2　次の式を因数分解しなさい。

（1）$(x + y)^2 - 36$

（2）$(a + 4)^2 - 2(a + 4)$

（3）$(x + 2)^2 - 25$

（4）$ax - x + a - 1$

（5）$(x + y)^2 + 2(x + y) - 15$

（6）$(a + 1)^2 - 9(a + 1) + 18$

（1）	
（2）	
（3）	
（4）	
（5）	
（6）	

3　次の問いに答えなさい。

（1）102^2 をくふうして計算しなさい。

（2）$x = 7.5$, $y = 2.5$ のとき、$x^2 - y^2$ の値を求めなさい。

（1）	
（2）	

27

(例)　① 9の平方根は，±3　　　③ $\sqrt{4}$ をルートを使わないで表すと，2

　　　② 5の平方根は，±$\sqrt{5}$　　　　$-\sqrt{4}$ をルートを使わないで表すと，−2

1　次の数の平方根を求めなさい。

（1）4

（2）16

（3）49

（4）0.04

（5）$\dfrac{4}{25}$

（6）121

(1)	
(2)	
(3)	
(4)	
(5)	
(6)	

2　次の数の平方根を求めなさい。

（1）7

（2）15

（3）0.6

（4）$\dfrac{3}{5}$

(1)	
(2)	
(3)	
(4)	

3　次の数を$\sqrt{\ }$を使わないで表しなさい。

（1）$\sqrt{64}$

（2）$-\sqrt{81}$

（3）$\sqrt{0.16}$

（4）$-\sqrt{\dfrac{9}{25}}$

(1)	
(2)	
(3)	
(4)	

4　次の値を求めなさい。

（1）$\left(-\sqrt{3}\right)^2$

（2）$\left(\sqrt{36}\right)^2$

（3）$\left(\sqrt{0.7}\right)^2$

（4）$\left(-\sqrt{\dfrac{5}{9}}\right)^2$

(1)	
(2)	
(3)	
(4)	

29　平方根

(例)　① 　$2\sqrt{3}$ を $\sqrt{}$ の形にすると，$2 \times \sqrt{3} = \sqrt{4} \times \sqrt{3} = \sqrt{12}$

　　　② 　$\sqrt{45}$ の中をできるだけ簡単な数にすると，$\sqrt{9 \times 5} = \sqrt{9} \times \sqrt{5} = \sqrt{3^2} \times \sqrt{5} = 3\sqrt{5}$

　　　③ 　$\dfrac{3}{\sqrt{5}}$ の分母を有理化すると，$\dfrac{3 \times \sqrt{5}}{\sqrt{5} \times \sqrt{5}} = \dfrac{3\sqrt{5}}{5}$

1　次の数を変形して，$\sqrt{a}$ の形にしなさい。

（1）$2\sqrt{5}$　　　　　　　　　（2）$3\sqrt{3}$

（3）$2\sqrt{7}$　　　　　　　　　（4）$5\sqrt{3}$

（5）$7\sqrt{2}$　　　　　　　　　（6）$6\sqrt{2}$

(1)
(2)
(3)
(4)
(5)
(6)

2　次の数を変形して，$\sqrt{}$ の中をできるだけ簡単な数にしなさい。

（1）$\sqrt{20}$　　　　　　　　　（2）$\sqrt{200}$

（3）$\sqrt{80}$　　　　　　　　　（4）$\sqrt{216}$

（5）$\sqrt{0.05}$　　　　　　　　（6）$\sqrt{\dfrac{5}{64}}$

(1)
(2)
(3)
(4)
(5)
(6)

3　次の数の分母を有理化しなさい。

（1）$\dfrac{1}{\sqrt{2}}$　　　　　　　　　（2）$\dfrac{1}{\sqrt{6}}$

（3）$\dfrac{2}{\sqrt{6}}$　　　　　　　　　（4）$\dfrac{\sqrt{5}}{\sqrt{7}}$

（5）$\dfrac{\sqrt{7}}{\sqrt{8}}$　　　　　　　　　（6）$\dfrac{5}{2\sqrt{3}}$

(1)
(2)
(3)
(4)
(5)
(6)

29

	1回目	2回目	3回目
	/18問	/18問	/18問

（例）計算をしなさい。

① $\sqrt{2} \times \sqrt{3}$

　$= \sqrt{2 \times 3}$

　$= \sqrt{6}$

② $\sqrt{6} \div \sqrt{3}$

　$= \dfrac{\sqrt{6}}{\sqrt{3}}$

　$= \sqrt{\dfrac{6}{3}}$

　$= \sqrt{2}$

③ $\sqrt{12} \times \sqrt{27}$

　$= 2\sqrt{3} \times 3\sqrt{3}$

　$= 2 \times 3 \times \sqrt{3} \times \sqrt{3}$

　$= 6 \times 3$

　$= 18$

④ $\sqrt{7} \div \sqrt{3}$

　$= \dfrac{\sqrt{7}}{\sqrt{3}}$

　$= \dfrac{\sqrt{7} \times \sqrt{3}}{\sqrt{3} \times \sqrt{3}}$

　$= \dfrac{\sqrt{21}}{3}$

1　次の計算をしなさい。

（1）$\sqrt{6} \times \sqrt{7}$

（2）$\sqrt{2} \times \sqrt{5}$

（3）$-\sqrt{3} \times \sqrt{10}$

（4）$\sqrt{10} \div \sqrt{5}$

（5）$\sqrt{21} \div \sqrt{3}$

（6）$-\sqrt{42} \div \sqrt{6}$

（1）
（2）
（3）
（4）
（5）
（6）

2　次の計算をしなさい。

（1）$\sqrt{12} \times \sqrt{18}$

（2）$\sqrt{27} \times \sqrt{8}$

（3）$\sqrt{27} \times \sqrt{75}$

（4）$\sqrt{8} \times (-\sqrt{12})$

（5）$3\sqrt{8} \times \sqrt{32}$

（6）$\sqrt{18} \times \sqrt{28}$

（1）
（2）
（3）
（4）
（5）
（6）

3　次の計算をしなさい。

（1）$\sqrt{2} \div \sqrt{3}$

（2）$\sqrt{3} \div \sqrt{5}$

（3）$4\sqrt{2} \div \sqrt{6}$

（4）$\sqrt{18} \div \sqrt{8}$

（5）$\sqrt{50} \div \sqrt{48}$

（6）$\sqrt{45} \div (-\sqrt{10})$

（1）
（2）
（3）
（4）
（5）
（6）

(例) 計算をしなさい。

① $4\sqrt{2} - 5\sqrt{3} + 2\sqrt{2}$

$= (4 + 2)\sqrt{2} - 5\sqrt{3}$

$= 6\sqrt{2} - 5\sqrt{3}$

② $\sqrt{2}(\sqrt{6} - 2\sqrt{3})$

$= \sqrt{2} \times \sqrt{6} - \sqrt{2} \times 2\sqrt{3}$

$= \sqrt{12} - 2\sqrt{6}$

$= 2\sqrt{3} - 2\sqrt{6}$

$\boxed{1}$ 次の計算をしなさい。

（1）$6\sqrt{3} + 5\sqrt{3}$

（2）$\sqrt{50} - \sqrt{18}$

（3）$\sqrt{6} - \sqrt{24} + \sqrt{54}$

（4）$\sqrt{5} + \sqrt{45} - \sqrt{20}$

（5）$-\sqrt{20} + \sqrt{45} - \sqrt{180}$

（6）$8\sqrt{3} - \sqrt{10} - 10\sqrt{3} + 2\sqrt{10}$

（1）
（2）
（3）
（4）
（5）
（6）

$\boxed{2}$ 次の計算をしなさい。

（1）$\dfrac{3}{\sqrt{3}} + \sqrt{12}$

（2）$\sqrt{8} - \dfrac{6}{\sqrt{2}}$

（3）$\sqrt{6} - \dfrac{2}{\sqrt{6}}$

（4）$\sqrt{45} - \dfrac{25}{\sqrt{5}} + \sqrt{20}$

（1）
（2）
（3）
（4）

$\boxed{3}$ 次の計算をしなさい。

（1）$\sqrt{2}(\sqrt{5} - 2\sqrt{2})$

（2）$(2 + \sqrt{3})(3 + \sqrt{3})$

（3）$(\sqrt{7} + 4)^2$

（4）$(5 - \sqrt{6})(5 + \sqrt{6})$

（5）$\sqrt{25} \times \sqrt{3} - \sqrt{27}$

（6）$2\sqrt{20} - \sqrt{15} \div \sqrt{3}$

（1）
（2）
（3）
（4）
（5）
（6）

(例) 次の方程式を解きなさい。

① $3x^2 = 18$

$x^2 = 6$

$x = \pm\sqrt{6}$

② $(x-3)^2 = 5$

$x - 3 = \pm\sqrt{5}$

$x = 3 \pm \sqrt{5}$

③ $x^2 + 6x - 1 = 0$

$x^2 + 6x = 1$

x の係数 6 の半分の 2 乗を両辺にたす

$x^2 + 6x + 3^2 = 1 + 3^2$

$(x+3)^2 = 10$

$x + 3 = \pm\sqrt{10}$ $\quad x = -3 \pm \sqrt{10}$

1　次の方程式を解きなさい。

（1）$2x^2 = 18$

（2）$2x^2 = 50$

（3）$5x^2 = 35$

（4）$7x^2 = 70$

（5）$4x^2 = 1$

（6）$3x^2 - 24 = 0$

（1）	
（2）	
（3）	
（4）	
（5）	
（6）	

2　次の方程式を解きなさい。

（1）$(x-3)^2 = 7$

（2）$(x+5)^2 = 27$

（3）$(x+2)^2 - 12 = 0$

（4）$(x+5)^2 - 25 = 0$

（1）	
（2）	
（3）	
（4）	

3　次の方程式を解きなさい。

（1）$x^2 + 6x = 4$

（2）$x^2 + 2x = 2$

（3）$x^2 + 8x = 5$

（4）$x^2 + 10x + 2 = 0$

（1）	
（2）	
（3）	
（4）	

（例）次の方程式を解の公式を使って解きなさい。

二次方程式の解の公式

$ax^2 + bx + c = 0$ の解は

$$x = \frac{-b \pm \sqrt{b^2 - 4ac}}{2a}$$

$$3x^2 - 5x - 1 = 0$$

$$x = \frac{-(-5) \pm \sqrt{(-5)^2 - 4 \times 3 \times (-1)}}{2 \times 3}$$

$$= \frac{5 \pm \sqrt{37}}{6}$$

1　次の方程式を解の公式を使って解きなさい。

（1）$x^2 + 3x + 1 = 0$ 　　　　（2）$x^2 + 8x - 2 = 0$

（3）$x^2 - 10x - 3 = 0$ 　　　（4）$x^2 - 4x - 2 = 0$

（5）$x^2 - 4x = 6$ 　　　　　（6）$x^2 + 7 = 6x$

（1）	
（2）	
（3）	
（4）	
（5）	
（6）	

2　次の方程式を解の公式を使って解きなさい。

（1）$2x^2 + 5x - 7 = 0$ 　　　（2）$5x^2 + 8x - 1 = 0$

（3）$3x^2 + 2x - 3 = 0$ 　　　（4）$3x^2 + 4x - 2 = 0$

（5）$2x^2 - 6x + 3 = 0$ 　　　（6）$5x^2 + 7x + 2 = 0$

（1）	
（2）	
（3）	
（4）	
（5）	
（6）	

33

（例）次の方程式を解きなさい。

① $(x+2)(x-5)=0$

$x+2=0$ または $x-5=0$ より

$x=-2,\ 5$

② $x^2-5x+4=0$

$(x-1)(x-4)=0$

$x-1=0$ または $x-4=0$

$x=1,\ 4$

③ $x^2+3x=0$

$x(x+3)=0$

$x=0$ または $x+3=0$

$x=0,\ -3$

1 　次の方程式を解きなさい。

（1）$(x+3)(x-5)=0$

（2）$(x+2)(x+4)=0$

（3）$(x-2)(x+7)=0$

（4）$(x-9)(x+5)=0$

（1）
（2）
（3）
（4）

2 　次の方程式を解きなさい。

（1）$x^2+5x+4=0$

（2）$x^2+x-20=0$

（3）$x^2-2x-8=0$

（4）$x^2-10x+24=0$

（5）$x^2-x-20=0$

（6）$x^2-2x+1=0$

（1）
（2）
（3）
（4）
（5）
（6）

3 　次の方程式を解きなさい。

（1）$x^2-6x=0$

（2）$x^2+x=0$

（3）$x^2+9x=0$

（4）$3x^2-18x=0$

（5）$3x^2-5x=0$

（6）$2x^2=7x$

（1）
（2）
（3）
（4）
（5）
（6）

(例) 次の方程式を解きなさい。

① $-2x^2+4x-2=0$

両辺を -2 でわる

$x^2-2x+1=0$

$(x-1)^2=0$

$x=1$

② $3x^2-24=(x-8)(x+2)$

$3x^2-24=x^2-6x-16$

$2x^2+6x-8=0$

両辺を 2 でわる

$x^2+3x-4=0$　→　$(x-1)(x+4)=0$

$x=1,-4$

---

1 次の方程式を解きなさい。

（1） $-x^2-2x+15=0$

（2） $-2x^2+12x-18=0$

（3） $2x^2+8x+6=0$

（4） $3x^2+15x+18=0$

(1)	
(2)	
(3)	
(4)	

---

2 次の方程式を解きなさい。

（1） $x^2+12=8x$

（2） $2x^2+x=(x+2)^2$

（3） $(x-3)(x-7)=5$

（4） $x^2-4x+6=2(x-1)$

（5） $3(x^2-8)=(x-8)(x+2)$

（6） $\frac{1}{5}x(x+2)=7$

(1)	
(2)	
(3)	
(4)	
(5)	
(6)	

1 計算をしなさい。(5点×5)

(1) $(-3) + (-9)$

(2) $(+12) - (-19)$

(3) $(-1.8) - (+3.6)$

(4) $\left(-\dfrac{1}{2}\right) - \left(-\dfrac{3}{5}\right)$

(5) $15 - 8 - (-5) + (-17)$

2 計算をしなさい。(5点×5)

(1) $(+7) \times (-10)$

(2) $(-96) \div (-8)$

(3) $\dfrac{1}{2} \div \dfrac{3}{4} \times (-3)$

(4) $(-5^2) \times 2 - 4^2$

(5) $\left(\dfrac{4}{5} - \dfrac{3}{2}\right) \times 10$

3 次の数量を表す式を書きなさい。(10点×5)

(1) 1冊600円の雑誌を x 冊買って，5000円出したときのおつり

(2) 1辺の長さが x cmの正八角形の周の長さ

(3) 底辺の長さが x cm，高さが20 cmの三角形の面積

(4) 十の位の数が a ，一の位の数が b である2けたの自然数

(5) 定価 a 円のシャツを2割引きで買ったときの代金

1	(1)	(2)	(3)	(4)	(5)
2	(1)	(2)	(3)	(4)	(5)
3	(1)	(2)	(3)	(4)	(5)

/100 点

1　$x = 2$, $y = -5$のとき，次の式の値を求めなさい。（5 点×3）

（1）$3x + y$

（2）$2x - y^2$

（3）$-\dfrac{1}{2}x + \dfrac{1}{5}y$

2　次の式を簡単にしなさい。（5 点×3）

（1）$5x + 2 - 3x$

（2）$2x - (x - 9)$

（3）$(6a - 3) - (a - 11)$

3　次の計算をしなさい。（10 点×4）

（1）$12x \times (-1)$

（2）$(25x + 15) \div (-5)$

（3）$-3(x - 1) + 2(2x + 5)$

（4）$-x + 3 - \dfrac{1}{2}(10x + 8)$

4　次の数量の関係を等式にしなさい。（15 点×2）

（1）1 本 120 円のボールペンを x 本買ったときの代金は 960 円です。

（2）ある数 a, b があり，a の 12 倍から 30 をひいた数は b の 2 倍より小さいです。

1	(1)	(2)	(3)	
2	(1)	(2)	(3)	
3	(1)	(2)	(3)	(4)
4	(1)		(2)	

/100 点

1　次の方程式を解きなさい。(5 点×5)

（1）$x - 6 = 5$

（2）$x + 21 = 15$

（3）$\frac{1}{2}x = -13$

（4）$\frac{7}{2}x = 14$

（5）$\frac{x}{6} = 7$

2　次の方程式を解きなさい。(5 点×5)

（1）$7x - 9 = 12$

（2）$-x - 4 = -17x + 8$

（3）$-2(2x - 1) + 9 = -5$

（4）$\frac{x+1}{3} = \frac{1}{7}x$

（5）$0.3x = 1 - 0.2x$

3　次の比例式を解きなさい。(10 点×5)

（1）$x : 5 = 15 : 3$

（2）$16 : x = 30 : 9$

（3）$0.4 : 0.3 = x : 6$

（4）$3 : 1 = 9 : (x - 1)$

（5）$\frac{3}{4} : 7 = x : 8$

1	(1)	(2)	(3)	(4)	(5)
2	(1)	(2)	(3)	(4)	(5)
3	(1)	(2)	(3)	(4)	(5)

/100 点

1   次の計算をしなさい。（5 点×5）

（1） $x - y + 4x - 9y$

（2） $3x - (4x + 10)$

（3） $5(3a - 2b)$

（4） $(-27x - 18y) \div (-9)$

（5） $\dfrac{2x+5y}{2} - \dfrac{4x-y}{3}$

2   次の計算をしなさい。（5 点×5）

（1） $7x \times 5x$

（2） $a \times (2a)^2$

（3） $-(-6x)^2$

（4） $16y^2 \times (-y^2)$

（5） $(-2x)^3 \times \dfrac{1}{8}$

3   次の計算をしなさい。（10 点×5）

（1） $25xy \div 5x$

（2） $(-18xy) \div (-3x)$

（3） $10x^2 \div \left(-\dfrac{5}{2}x\right)$

（4） $-\dfrac{2}{3}x^2 \div \left(-\dfrac{2}{9}x\right)$

（5） $a^4 \times a \div a^5$

1	（1）	（2）	（3）	（4）	（5）
2	（1）	（2）	（3）	（4）	（5）
3	（1）	（2）	（3）	（4）	（5）

/100 点

[1] $x = 2,\ y = -3$ のとき，次の式の値を求めなさい。（10 点×2）

（1）$3x \times y^2$ （2）$2x - (3x - y)$

[2] 次の等式を，〔 〕内の文字について解きなさい。（10 点×3）

（1）$a + 8b = 17$ 〔a〕 （2）$y = 3x + 4$ 〔x〕

（3）$2x + 3y = 5$ 〔y〕

[3] 次の連立方程式を解きなさい。（10 点×5）

（1）$\begin{cases} x - y = 1 \\ x + y = 3 \end{cases}$ （2）$\begin{cases} x + y = -3 \\ 3x + 2y = -4 \end{cases}$

（3）$\begin{cases} x = -2y + 1 \\ 2x + 7y = 11 \end{cases}$ （4）$\begin{cases} x - y = -5 \\ \dfrac{x}{4} - \dfrac{y}{6} = -1 \end{cases}$

（5）$3x + 2y = 4x - y - 7 = -1$

1	(1)	(2)	
2	(1)	(2)	(3)
3	(1)	(2)	(3)
	(4)	(5)	

/100 点

1　次の式を展開しなさい。（5 点×5）

（1）$(x+3)(y+4)$

（2）$(x+4)(x-6)$

（3）$(x-9)^2$

（4）$(a+5)(a-5)$

（5）$(x+3)(x-y-2)$

2　次の式を因数分解しなさい。（5 点×5）

（1）$2x^2-4x$

（2）x^2-25

（3）$x^2+12x+36$

（4）y^2-6y+5

（5）$2x^2-6x-20$

3　次の式を因数分解しなさい。（10 点×5）

（1）$9x^2-81$

（2）$4x^2-12xy+9y^2$

（3）$(x+y)^2-49$

（4）98^2 をくふうして計算しなさい。

（5）$x=27,\ y=31$のとき，$x^2-2xy+y^2$の値を求めなさい。

	（1）	（2）	（3）
1			
	（4）	（5）	
2	（1）	（2）	（3）
	（4）	（5）	
3	（1）	（2）	（3）
	（4）	（5）	

41

/100 点

1 次の問いに答えなさい。(5 点×4)

(1) 9 の平方根を求めなさい。

(2) $-\sqrt{49}$ を $\sqrt{}$ を使わないで表しなさい。

(3) $\left(-\sqrt{0.3}\right)^2$ の値を求めなさい。

(4) -7 と $-\sqrt{50}$ を不等号を使って表しなさい。

2 次の計算をしなさい。(6 点×5)

(1) $\sqrt{5} \times \sqrt{2}$

(2) $-\sqrt{2} \times \sqrt{10}$

(3) $\sqrt{8} \times \left(-\sqrt{27}\right)$

(4) $\sqrt{3} \div \sqrt{7}$

(5) $-\sqrt{12} \div \sqrt{27}$

3 次の計算をしなさい。(6 点×5)

(1) $2\sqrt{3} + 6\sqrt{3}$

(2) $\sqrt{32} - \sqrt{18} + \sqrt{50}$

(3) $\sqrt{12} + \dfrac{3}{\sqrt{3}}$

(4) $\left(3 + \sqrt{5}\right)\left(4 + \sqrt{5}\right)$

(5) $7\sqrt{45} - \sqrt{15} \div \sqrt{3}$

4 次の問いに答えなさい。(10 点×2)

(1) $x = \sqrt{11} + 1$ のとき, $x^2 - 2x + 1$ の値を求めなさい。

(2) $x = \sqrt{7} - 3$ のとき, $x^2 - 9$ の値を求めなさい。

1	(1)	(2)	(3)	(4)	
2	(1)	(2)	(3)	(4)	(5)
3	(1)	(2)	(3)	(4)	(5)
4	(1)	(2)			

/100 点

1 次の方程式を解きなさい。(5 点×5)

(1) $5x^2 = 25$

(2) $3x^2 - 27 = 0$

(3) $(x-2)^2 = 7$

(4) $(x+3)^2 = 6$

(5) $x^2 + 6x = 8$

2 次の方程式を解の公式を使って解きなさい。(5 点×5)

(1) $x^2 + x - 3 = 0$

(2) $x^2 + 6x - 5 = 0$

(3) $2x^2 + 5x - 2 = 0$

(4) $2x^2 = -6x - 3$

(5) $3x^2 + 2x = 3$

3 次の方程式を解きなさい。(10 点×5)

(1) $(x+5)(x-13) = 0$

(2) $x^2 - 4x - 21 = 0$

(3) $3x^2 - 7x = 0$

(4) $4x^2 + 16x + 12 = 0$

(5) $\dfrac{1}{3}x(x+2) = 1$

1	(1)	(2)	(3)	(4)	(5)
2	(1)	(2)	(3)	(4)	(5)
3	(1)	(2)	(3)	(4)	(5)

アンケートにご協力をお願いします！

　みなさんが、「合格できる問題集」で勉強を頑張ってくれていることを、とてもうれしく思っています。

　よりよい問題集を作り、一人でも多くの受験生を合格へ導くために、みなさんのご意見、ご感想を聞かせてください。

　「こんなところが良かった。」「ここが使いにくかった。」「こんな問題集が欲しい。」など、どんなことでもけっこうです。

　下のQRコードから、ぜひアンケートのご協力をお願いします。

 アンケート特設サイトはコチラ！　　　　　「合格できる問題集」スタッフ一同

解 答

P1
1 （1）+3　（2）−5　（3）+5　（4）+2　（5）+1　（6）+21

2 （1）+1.2　（2）−5.9　（3）$+\frac{1}{6}$　（4）$+\frac{1}{6}$　（5）$-\frac{1}{3}$　（6）$+\frac{5}{12}$

3 （1）−3　（2）−5　（3）−6　（4）+3

2 （3）$\left(+\frac{1\times3}{2\times3}\right)+\left(-\frac{1\times2}{3\times2}\right)=\left(+\frac{3}{6}\right)+\left(-\frac{2}{6}\right)=\frac{+3-2}{6}$　（4）$\left(-\frac{1}{6}\right)+\left(+\frac{1\times2}{3\times2}\right)=\left(-\frac{1}{6}\right)+\left(+\frac{2}{6}\right)=\frac{-1+2}{6}$

（5）$\left(+\frac{1\times3}{2\times3}\right)-\left(+\frac{5}{6}\right)=\left(+\frac{3}{6}\right)-\left(+\frac{5}{6}\right)=\frac{+3-5}{6}$　（6）$\left(-\frac{1\times3}{4\times3}\right)-\left(-\frac{2\times4}{3\times4}\right)=-\frac{3}{12}-\left(-\frac{8}{12}\right)=\frac{-3+8}{12}$

P2
1 （1）45　（2）−48　（3）−49　（4）15　（5）−1.8　（6）2.5

2 （1）6　（2）−2　（3）−3　（4）7　（5）0　（6）9

3 （1）$-\frac{1}{5}$　（2）$-\frac{1}{4}$　（3）$-\frac{1}{12}$　（4）$\frac{1}{3}$

3 （1）$-\left(\frac{2}{5}\times\frac{1}{2}\right)$　（2）$-\left(\frac{7}{10}\times\frac{5}{14}\right)$　（3）$-\left(\frac{5}{6}\times\frac{1}{10}\right)$　（4）$+\left(\frac{3}{8}\times\frac{8}{9}\right)$

P3
1 （1）6　（2）−24　（3）36　（4）1　（5）−4　（6）$-\frac{1}{2}$

2 （1）16　（2）9　（3）−25　（4）36　（5）−4　（6）16

3 （1）0　（2）−17　（3）22　（4）−27

1 （4）$+\left(25\times\frac{1}{5}\times\frac{1}{5}\right)$　（5）$-\left(\frac{1}{2}\times\frac{4}{1}\times\frac{2}{1}\right)$　（6）$-\left(\frac{3}{4}\times\frac{5}{3}\times\frac{2}{5}\right)$

2 （1）4×4　（2）$(-3)\times(-3)$　（3）$-(5\times5)$　（4）$(-2)\times(-2)\times(-3)\times(-3)$

（5）$\frac{-6\times6}{-3\times(-3)}=\frac{-36}{9}$　（6）$(-4)\times(-4)\times(-4)\div(-2\times2)=-64\div(-4)$

3 （1）$-2-14\times\left(-\frac{1}{7}\right)=-2+2$　（2）$-5+(-12)=-5-12$

（3）$16+(-24)\times\left(-\frac{1}{2\times2}\right)=16+6$　（4）$-(3\times3)\times2-(-3)\times(-3)=-9\times2-9=-18-9$

P4
1 （1）7　（2）−5　（3）8　（4）−7　（5）35　（6）23

2 （1）1300　（2）1700　（3）−480　（4）3200　（5）1250　（6）1.6

1 （1）$12\times\frac{1}{3}+12\times\frac{1}{4}=4+3$　（2）$(-4)\times2-4\times\left(-\frac{3}{4}\right)=-8+3$

（3）$(-36)\times\left(-\frac{5}{12}\right)-36\times\frac{7}{36}=15-7$　（4）$\frac{1}{6}\times(-18)+\frac{2}{9}\times(-18)=-3-4$

（5）$-6\times\left(-\frac{9}{2}\right)-6\times\left(-\frac{4}{3}\right)=27+8$　（6）$\left(-\frac{3}{2}\right)\times(-10)-\frac{4}{5}\times(-10)=15+8$

2 （1）$13\times(4+96)=13\times100$　（2）$(40+60)\times17=100\times17$　（3）$24\times(-15-5)=24\times(-20)$

（4）$(45+155)\times16=200\times16$　（5）$(21+79)\times12.5=100\times12.5$　（6）$1.6\times(1.7-0.7)=1.6\times1$

P5
1 （1）$2x$　（2）$-3a$　（3）x^3　（4）$2(x+y)$　（5）abc　（6）$x-3y$

2 （1）$\frac{x}{5}$　（2）$-\frac{x}{7}$　（3）$\frac{a}{2}$　（4）$\frac{x+y}{8}$　（5）$\frac{a}{bc}$　（6）$-\frac{x}{2y}$

3 （1）$3m+2n$　（2）$\frac{x}{5}+\frac{y}{3}$　（3）$9a^2-10b$　（4）$\frac{x+y}{z}$

- 1 -

P6

1 （1） $6x+7y$ （円）　（2） $1000-2a$ （円）　（3） $3x$ km　（4） 時速 $\dfrac{a}{6}$ km　（5） $\dfrac{x}{2}$ 時間

2 （1） $\dfrac{7}{10}x$ kg （0.7x kg）　（2） $\dfrac{7}{20}a$ 人 （0.35a 人）　（3） $\dfrac{7}{10}x$ 円 （0.7x 円）

3 （1） x^2 cm²　（2） $\dfrac{1}{2}xh$ cm²

---

1 （3）（道のり）＝（速さ）×（時間）　（4）（速さ）＝ $\dfrac{（道のり）}{（時間）}$　（5）（時間）＝ $\dfrac{（道のり）}{（速さ）}$

2 （2） $\dfrac{35}{100}a=\dfrac{7}{20}a$　（3） 定価×（1－割引きの割合）　$x\times\left(1-\dfrac{3}{10}\right)=\dfrac{7}{10}x$

P7

1 （1） 4　（2） -2　（3） 1　（4） 1　（5） 4　（6） -4

2 （1） -1　（2） $-\dfrac{4}{3}$　（3） 10　（4） 0　（5） 14　（6） $\dfrac{3}{16}$

3 （1） 7　（2） 3　（3） 0　（4） 12

---

1 （4） $2\div2$　（5） $2^2=2\times2$　（6） $-2^2=-2\times2$

2 （4） $\dfrac{1}{3}\times3+\dfrac{1}{4}\times(-4)=1-1$　（5） $2\times3^2+(-4)=2\times9-4$　（6） $\dfrac{3}{(-4)^2}=\dfrac{3}{(-4)\times(-4)}$

3 （1） $2\times\dfrac{1}{2}+6=1+6$　（2） $\dfrac{1}{2}\times6$　（3） $12\times\dfrac{1}{2}-6=6-6$　（4） $6\div\dfrac{1}{2}=6\times2$

P8

1 （1） $7x$　（2） $6x$　（3） $4x+1$　（4） $14x+9$　（5） $7a-1$　（6） $5b+2$

2 （1） x　（2） $4x$　（3） $3x-1$　（4） $-8x+6$　（5） $-a+9$　（6） $m-2$

3 （1） $2x+3$　（2） $x+7$　（3） $7a+4$　（4） $b+4$

---

2 （6） $\dfrac{2}{2}m-2=m-2$

3 （2） $2x-x+7$　（3） $6a-5+a+9$　（4） $-2b-1+5+3b$

P9

1 （1） $15x$　（2） $-8x$　（3） $-7y$　（4） $2x$　（5） $-3a$　（6） $4x$

2 （1） $4x+8$　（2） $-3x+18$　（3） $-8x+2$　（4） $4x+2$　（5） $3x-1$　（6） $7a+\dfrac{7}{3}$

3 （1） $10x-6$　（2） $-2x-1$　（3） $6a+2$　（4） $-6x-9$

---

3 （1） $\dfrac{4(5x-3)}{2}=2(5x-3)$　（2） $\dfrac{(2x+1)\times(-4)}{4}=(2x+1)\times(-1)$

（3） $(15a+5)\times\dfrac{2}{5}$　（4） $(-2x-3)\times3$

P10

1 （1） $5x+8$　（2） $11x+9$　（3） $14x+5$　（4） $4x-16$　（5） $-4x-27$　（6） $x-46$

2 （1） x　（2） $-x+14$　（3） $3a-27$　（4） $-3x+3$　（5） $-11b-7$　（6） 17

3 （1） $8a-21$　（2） $13b-13$　（3） $-3x+1$　（4） $x+1$

---

1 （1） $2x+2+3x+6$　（2） $3x-3+8x+12$　（3） $10x-15+4x+20$

（4） $-2x+2+6x-18$　（5） $-9x+3+5x-30$　（6） $-7x-14+8x-32$

2 （1） $2x+4-x-4$　（2） $9x+12-10x+2$　（3） $8a-12-5a-15$

（4） $-x-5-2x+8$　（5） $-6b+3-5b-10$　（6） $-35x+7+35x+10$

3 （1） $6a-12+2a-9$　（2） $4b-6+9b-7$　（3） $-x+4-2x-3$　（4） $3x-4-2x+5$

P11 **1** (1) $50x + 70y = 430$　(2) $10a = b$　(3) $1000 - x = y$　(4) $x - 3y = z$　(5) $tx = y$

2 (1) $5x + 6 \geqq 70$　(2) $7a + b \leqq 2000$　(3) $x + y < 3500$　(4) $\frac{50}{x} \geqq y$

(5) $300a + 100 > 1500$

P12 **1** (1) $x = 10$　(2) $x = 6$　(3) $x = 2$　(4) $x = 0$　(5) $x = -8$　(6) $x = -6$

2 (1) $x = 10$　(2) $x = -12$　(3) $x = 3$　(4) $x = 4$　(5) $x = -6$　(6) $x = 5$

3 (1) $x = \frac{4}{3}$　(2) $x = -12$　(3) $x = 27$　(4) $x = -55$

1 (1) $x - 4 + 4 = 6 + 4$　(2) $x - 7 + 7 = -1 + 7$　(3) $x - 5 + 5 = -3 + 5$

(4) $x + 3 - 3 = 3 - 3$　(5) $x + 6 - 6 = -2 - 6$　(6) $x + 11 - 11 = 5 - 11$

2 (1) $\frac{1}{2}x \times 2 = 5 \times 2$　(2) $-\frac{1}{4}x \times (-4) = 3 \times (-4)$　(3) $-\frac{1}{3}x \times (-3) = -1 \times (-3)$

(4) $2x \div 2 = 8 \div 2$　(5) $5x \div 5 = -30 \div 5$　(6) $-3x \div (-3) = -15 \div (-3)$

3 (1) $\frac{3}{2}x \times \frac{2}{3} = 2 \times \frac{2}{3}$　(2) $-\frac{3}{4}x \times \left(-\frac{4}{3}\right) = 9 \times \left(-\frac{4}{3}\right)$　(3) $\frac{x}{9} \times 9 = 3 \times 9$　(4) $\frac{x}{5} \times 5 = -11 \times 5$

P13 **1** (1) $x = 3$　(2) $x = 3$　(3) $x = 6$　(4) $x = -6$　(5) $x = 2$　(6) $x = 5$

2 (1) $x = -4$　(2) $x = 5$　(3) $x = 7$　(4) $x = 4$　(5) $x = 3$　(6) $x = 5$

3 (1) $x = \frac{1}{3}$　(2) $x = \frac{5}{14}$

1 (1) $3x = 7 + 2$　$3x = 9$　(2) $6x = 9 + 9$　$6x = 18$　(3) $4x = 16 + 8$　$4x = 24$

(4) $-2x = 21 - 9$　$-2x = 12$　(5) $-8x = -6 - 10$　$-8x = -16$　(6) $14x = 50 + 20$　$14x = 70$

2 (1) $x + x = -5 - 3$　$2x = -8$　(2) $2x - 6x = -15 - 5$　$-4x = -20$

(3) $-x + 3x = 12 + 2$　$2x = 14$　(4) $9x - 5x = 10 + 6$　$4x = 16$

(5) $-x + 7x = 30 - 12$　$6x = 18$　(6) $-8x - 2x = -48 - 2$　$-10x = -50$

3 (1) $2x + x = 7 - 6$　$3x = 1$　(2) $-9x - 5x = -3 - 2$　$-14x = -5$

P14 **1** (1) $x = -13$　(2) $x = 1$　(3) $x = 2$　(4) $x = 7$

2 (1) $x = 1$　(2) $x = 8$　(3) $x = \frac{3}{4}$　(4) $x = 1$

3 (1) $x = 3$　(2) $x = 6$　(3) $x = 3$　(4) $x = -\frac{4}{15}$

1 (1) $x - 2x - 8 = 5$　$-x = 13$　(2) $4x + 1 = -10 + 15x$　$4x - 15x = -10 - 1$　$-11x = -11$

(3) $-14x + 7 + 16 = -5$　$-14x = -5 - 7 - 16$　$-14x = -28$

(4) $6x - 10 = 4x + 4$　$6x - 4x = 4 + 10$　$2x = 14$

2 (1) $\left(\frac{x}{6} + \frac{1}{2}\right) \times 6 = \frac{2}{3} \times 6$　$x + 3 = 4$　(2) $\left(\frac{x}{4} + 2\right) \times 4 = \frac{x}{2} \times 4$　$x + 8 = 2x$　$x - 2x = -8$　$-x = -8$

(3) $\left(\frac{x+1}{7}\right) \times 21 = \frac{1}{3}x \times 21$　$3(x + 1) = 7x$　$3x + 3 = 7x$　$3x - 7x = -3$　$-4x = -3$

(4) $\left(\frac{x-3}{4}\right) \times 12 = \left(\frac{2x-5}{6}\right) \times 12$　$3(x - 3) = 2(2x - 5)$　$3x - 9 = 4x - 10$　$3x - 4x = -10 + 9$　$-x = -1$

3 （1）$(1.5x - 0.5) \times 10 = 4 \times 10$　$15x - 5 = 40$　$15x = 45$

　（2）$0.2x \times 10 = (3 - 0.3x) \times 10$　$2x = 30 - 3x$　$2x + 3x = 30$　$5x = 30$

　（3）$(2x - 1) \times 10 = (0.5x + 3.5) \times 10$　$20x - 10 = 5x + 35$　$20x - 5x = 35 + 10$　$15x = 45$

　（4）$(0.25x - 0.4x) \times 100 = 0.04 \times 100$　$25x - 40x = 4$　$-15x = 4$

P15　1 （1）$x = 3$　（2）$x = 6$　（3）$x = 8$　（4）$x = 14$　（5）$x = 4$　（6）$x = 4$

　2 （1）$x = 3$　（2）$x = 5$　（3）$x = \frac{2}{7}$　（4）$x = 3$

　3 （1）$x = 3.5$ $(\frac{7}{2})$　（2）$x = 8$　（3）$a = 24$　（4）$a = -15$

---

1 （1）$x \times 4 = 2 \times 6$　$4x = 12$　（2）$x \times 4 = 3 \times 8$　$4x = 24$　（3）$3 \times x = 4 \times 6$　$3x = 24$

　（4）$4 \times x = 7 \times 8$　$4x = 56$　（5）$x \times 9 = 18 \times 2$　$9x = 36$　（6）$15 \times x = 6 \times 10$　$15x = 60$

2 （1）$2x \times 4 = 3 \times 8$　$8x = 24$　（2）$9 \times x = \frac{15}{2} \times 6$　$9x = 45$

　（3）$7 \times x = \frac{1}{4} \times 8$　$7x = 2$　（4）$x \times 4 = \frac{12}{5} \times 5$　$4x = 12$

3 （1）$0.2 \times x = 0.7 \times 1$　$0.2x = 0.7$　（2）$3 \times x = 4(x - 2)$　$3x = 4x - 8$　$3x - 4x = -8$　$-x = -8$

　（3）$2(a + 1) = 10 \times 5$　$2a + 2 = 50$　$2a = 48$

　（4）$2a = 3(a + 5)$　$2a = 3a + 15$　$2a - 3a = 15$　$-a = 15$

P16　1 （1）$12x - 4y$　（2）$2xy - x$　（3）$x - 5y$　（4）$5a - 10b$　（5）$-x - 5$　（6）$a - b$

　2 （1）$6x - 10y$　（2）$20x + 24$　（3）$8x - y$　（4）$-2a$　（5）$7x - 3y$　（6）$2a - 3b$

　3 （1）$\frac{3x+4}{2}$　（2）$-\frac{5}{6}y$　（3）$\frac{7x+4y}{10}$　（4）$\frac{8x-17y}{6}$

---

1 （3）$3x - 4y - 2x - y$　（4）$-a + 2b + 6a - 12b$　（5）$2x - 3x - 5$　（6）$2a - 3b - a + 2b$

2 （3）$5x + 5y + 3x - 6y$　（4）$4a - 12b - 6a + 12b$　（5）$21x \div 3 - 9y \div 3$

　（6）$(-18a) \div (-9) + 27b \div (-9)$

3 （1）$\frac{x+1+2x+3}{2}$　（2）$\frac{2(x-y)-(2x+3y)}{6} = \frac{2x-2y-2x-3y}{6}$

　（3）$\frac{2(3x-y)-(-x-6y)}{10} = \frac{6x-2y+x+6y}{10}$　（4）$\frac{2(7x-y)-3(2x+5y)}{6} = \frac{14x-2y-6x-15y}{6}$

P17　1 （1）$12x^2$　（2）$25x^2$　（3）$64a^2$　（4）$-9a^2$　（5）$-36x^2$　（6）$-16x^2$

　2 （1）$18x^3$　（2）$4a^3$　（3）$12y^3$　（4）$18x^2y^2$　（5）$25a^3b$　（6）x^3

　3 （1）$-x^3$　（2）$-\frac{7}{2}x^3$

---

1 （2）$5x \times 5x$　（3）$(-8a) \times (-8a)$　（4）$-(3a) \times (3a)$　（5）$-(6x) \times (6x)$

　（6）$-(-4x) \times (-4x)$

2 （1）$2x \times 3x \times 3x$　（2）$2a \times 2a \times a$　（3）$(-y) \times (-y) \times 12y$

　（5）$5a \times 5a \times ab$　（6）$\frac{1}{4}x \times (-2x) \times (-2x)$

3 （1）$(-3x) \times (-3x) \times (-3x) \times \frac{1}{27}$　（2）$-\frac{7 \times 12x^3}{24}$

P18

1 （1）$2y$ （2）-2 （3）$-8b$ （4）$-x^2$ （5）$-5x$ （6）$3x$

2 （1）8 （2）$-8x$ （3）$-3x$ （4）$-\dfrac{2}{3}x$ （5）$\dfrac{8}{5}b$ （6）$-6x$

3 （1）$\dfrac{1}{a}$ （2）$-16x^2$

1 （1）$\dfrac{10xy}{5x}$ （2）$-\dfrac{16xy}{8xy}$ （3）$-\dfrac{32ab}{4a}$ （4）$-\dfrac{x^3}{x}$ （5）$-\dfrac{15x^2y}{3xy}$ （6）$\dfrac{-9xy}{-3y}$

2 （1）$4xy \times \dfrac{2}{xy} = \dfrac{4xy \times 2}{xy}$ （2）$20x^2 \times \left(-\dfrac{2}{5x}\right) = -\dfrac{20x^2 \times 2}{5x}$ （3）$-\dfrac{2}{3}x^2 \times \dfrac{9}{2x} = -\dfrac{2x^2 \times 9}{3 \times 2x}$

（4）$-\dfrac{5}{8}x^2 \times \dfrac{16}{15x} = -\dfrac{5x^2 \times 16}{8 \times 15x}$ （5）$\dfrac{4}{5}ab^2 \times \dfrac{2}{ab} = \dfrac{4ab^2 \times 2}{5 \times ab}$ （6）$3x^2y^2 \times \left(-\dfrac{2}{xy^2}\right) = -\dfrac{3x^2y^2 \times 2}{xy^2}$

3 （1）$\dfrac{a^3 \times a^2}{a^6}$ （2）$\dfrac{(-2x) \times (-2x) \times (-4x)}{x}$

P19

1 （1）8 （2）-18 （3）-1 （4）14

2 （1）14 （2）22 （3）-42 （4）48 （5）-384 （6）8

3 （1）$x = -7y + 15$ （2）$y = \dfrac{-x+8}{2}$ （3）$b = \dfrac{a-c}{2}$ （4）$a = \dfrac{2S}{b}$

1 （1）$3 + 5$ （2）$-3 - 3 \times 5$ （3）$3 \times 3 - 2 \times 5$ （4）$3^2 + 5$

2 （1）$2 \times 4 - 3 \times (-2) = 8 + 6$ （2）$5a - b = 5 \times 4 - (-2) = 20 + 2$

（3）$-7a - 2a + 3b = -9a + 3b = -9 \times 4 + 3 \times (-2) = -36 - 6$

（4）$3ab^2 = 3 \times 4 \times (-2)^2$ （5）$3a^3b = 3 \times 4^3 \times (-2)$ （6）$-\dfrac{a^3 \times b^2}{a^2b} = -ab = -4 \times (-2)$

3 （2）$2y = -x + 8$ （3）$2b = a - c$ （4）両辺に 2 をかける $2S = ab$ $ab = 2S$

P20

1 （1）$(x, y) = (2, -1)$ （2）$(x, y) = (4, -3)$ （3）$(x, y) = (1, 2)$ （4）$(x, y) = (1, -3)$

2 （1）$(x, y) = (2, -1)$ （2）$(x, y) = (-2, -3)$ （3）$(x, y) = (1, 2)$ （4）$(x, y) = (-3, 5)$

1 （1）$\begin{cases} x + y = 1 & \cdots① \\ 3x + y = 5 & \cdots② \end{cases}$ ①−②をすると，$-2x = -4$ $x = 2$
これを①へ代入 $2 + y = 1$ $y = -1$

（2）$\begin{cases} x + y = 1 & \cdots① \\ x + 2y = -2 & \cdots② \end{cases}$ ①−②をすると，$-y = 3$ $y = -3$
これを①へ代入 $x - 3 = 1$ $x = 4$

（3）$\begin{cases} x + 2y = 5 & \cdots① \\ -x + y = 1 & \cdots② \end{cases}$ ①+②をすると，$3y = 6$ $y = 2$
これを①へ代入 $x + 2 \times 2 = 5$ $x = 1$

（4）$\begin{cases} x - y = 4 & \cdots① \\ 3x - y = 6 & \cdots② \end{cases}$ ①−②をすると，$-2x = -2$ $x = 1$
これを①へ代入 $1 - y = 4$ $y = -3$

2 （1）$\begin{cases} 5x + 2y = 8 & \cdots① \\ x - y = 3 & \cdots② \end{cases}$ ①+②×2 をすると，$7x = 14$ $x = 2$
これを②へ代入 $2 - y = 3$ $y = -1$

（2）$\begin{cases} -x + y = -1 & \cdots① \\ 4x - 5y = 7 & \cdots② \end{cases}$ ①×4+②をすると，$-y = 3$ $y = -3$
これを①へ代入 $-x - 3 = -1$ $x = -2$

（3）$\begin{cases} 3x + 4y = 11 & \cdots① \\ 5x + 3y = 11 & \cdots② \end{cases}$ ①×5−②×3 をすると，$11y = 22$ $y = 2$
これを①へ代入 $3x + 8 = 11$ $x = 1$

（4）$\begin{cases} 5x - 8y = -55 & \cdots① \\ 2x - 5y = -31 & \cdots② \end{cases}$ ①×2−②×5 をすると，$9y = 45$ $y = 5$
これを①へ代入 $5x - 40 = -55$ $x = -3$

P21 **1** （1）$(x,y) = (5, 6)$　　（2）$(x,y) = (3, 16)$　　（3）$(x,y) = (1, -1)$　　（4）$(x,y) = (2, 6)$

2 （1）$(x,y) = (3, 4)$　　（2）$(x,y) = (5, 3)$　　（3）$(x,y) = (-3, -5)$　　（4）$(x,y) = (1, -1)$

1 （1）$\begin{cases} x + y = 11 \cdots ① \\ y = x + 1 \ \cdots ② \end{cases}$　②を①へ代入すると，$x + x + 1 = 11$　　$x = 5$
　　　これを②に代入　$y = 6$

（2）$\begin{cases} y = 7x - 5 \ \cdots ① \\ 5x + y = 31 \cdots ② \end{cases}$　①を②へ代入すると，$5x + 7x - 5 = 31$　　$12x = 36$　　$x = 3$
　　　これを①に代入　$y = 7 \times 3 - 5 = 16$

（3）$\begin{cases} x - 3y = 4 \ \cdots ① \\ x = y + 2 \ \cdots ② \end{cases}$　②を①へ代入すると，$y + 2 - 3y = 4$　　$-2y = 2$　　$y = -1$
　　　これを②へ代入　$x = -1 + 2$　　$x = 1$

（4）$\begin{cases} x = y - 4 \cdots ① \\ x + y = 8 \ \cdots ② \end{cases}$　①を②へ代入すると，$y - 4 + y = 8$　　$2y = 12$　　$y = 6$
　　　これを①へ代入　$x = 6 - 4$　　$x = 2$

2 （1）$\begin{cases} 3x + y = 13 \cdots ① \\ 3x = 2y + 1 \cdots ② \end{cases}$　②を①へ代入すると，$2y + 1 + y = 13$　　$3y = 12$　　$y = 4$
　　　これを②へ代入　$3x = 8 + 1$　　$x = 3$

（2）$\begin{cases} 3x = 5y \ \ \cdots ① \\ 3x + y = 18 \cdots ② \end{cases}$　①を②へ代入すると，$5y + y = 18$　　$6y = 18$　　$y = 3$
　　　これを①へ代入　$3x = 15$　　$x = 5$

（3）$\begin{cases} 6y = 7x - 9 \ \cdots ① \\ 5x - 6y = 15 \cdots ② \end{cases}$　①を②へ代入すると，$5x - (7x - 9) = 15$　　$-2x + 9 = 15$　　$x = -3$
　　　これを①へ代入　$6y = -21 - 9$　　$y = -5$

（4）$\begin{cases} 3x + 2y = 1 \ \cdots ① \\ x - 2y = 3 \ \cdots ② \end{cases}$　①より $2y = -3x + 1$　これを②へ代入すると，$x - (-3x + 1) = 3$　　$4x = 4$
　　　$x = 1$　　これを②へ代入　$1 - 2y = 3$　　$-2y = 2$　　$y = -1$

P22 **1** （1）$(x,y) = (2, -1)$　　（2）$(x,y) = (1, 1)$

2 （1）$(x,y) = (-2, 5)$　　（2）$(x,y) = (3, -1)$

3 （1）$(x,y) = (4, 2)$　　（2）$(x,y) = (2, 3)$

1 （1）$\begin{cases} 0.1x + 0.1y = 0.1 \dots ① \\ 0.3x + 0.1y = 0.5 \dots ② \end{cases}$ $\begin{matrix} ① \times 10 \\ ② \times 10 \end{matrix} \to$ $\begin{cases} x + y = 1 \ \dots ③ \\ 3x + y = 5 \dots ④ \end{cases}$　③−④をすると，$-2x = -4$　$x = 2$
　　　これを③へ代入　$y = -1$

（2）$\begin{cases} 0.2x + 0.3y = 0.5 \dots ① \\ 0.1x + 0.3y = 0.4 \dots ② \end{cases}$ $\begin{matrix} ① \times 10 \\ ② \times 10 \end{matrix} \to$ $\begin{cases} 2x + 3y = 5 \dots ③ \\ x + 3y = 4 \ \dots ④ \end{cases}$　③−④をすると，$x = 1$　これを④に代入
　　　$1 + 3y = 4$　$y = 1$

2 （1）$\begin{cases} 2x + y = 1 \ \ \dots ① \\ \frac{x-1}{3} + y = 4 \dots ② \end{cases}$ $\begin{matrix} ① \times 3 \\ ② \times 3 \end{matrix} \to$ $\begin{cases} 6x + 3y = 3 \dots ③ \\ x + 3y = 13 \dots ④ \end{cases}$　③−④をすると，$5x = -10$　　$x = -2$
　　　これを①へ代入　$-4 + y = 1$　$y = 5$

（2）$\begin{cases} x + 3y = 0 \ \dots ① \\ \frac{x}{3} + \frac{y}{2} = \frac{1}{2} \dots ② \end{cases}$　②$\times 6$　$2x + 3y = 3 \dots ③$　　①−③をすると，$-x = -3$　　$x = 3$
　　　$x = 3$ を①へ代入　$3 + 3y = 0$　　$y = -1$

3 （1）$\begin{cases} -3x + 5y = -2 \dots ① \\ 3x - 7y = -2 \ \dots ② \end{cases}$　①+②をすると，$-2y = -4$　　$y = 2$
　　　これを①へ代入　$-3x + 10 = -2$　　$x = 4$

（2）$\begin{cases} 4x - y = 5 \dots ① \\ x + y = 5 \ \dots ② \end{cases}$　①+②をすると，$5x = 10$　　$x = 2$
　　　これを②へ代入　$2 + y = 5$　　$y = 3$

- 6 -

P23 **1** （1）a^2+5a　　（2）$-2x^2-6x$　　（3）$30x^2-18x$　　（4）$2x+1$　　（5）$-a-3b$

　　（6）$-2x+1$

2 （1）$ab+3a+4b+12$　　（2）$xy-2x+6y-12$　　（3）y^2+9y+8　　（4）x^2-5x+6

　　（5）$2x^2-7x-15$　　（6）$12a^2+17ab-5b^2$

3 （1）$x^2+xy+4x+2y+4$　　（2）a^2+6a-b^2+6b　　（3）$x^2+xy+x-4y-20$

　　（4）$a^2-7a+ab-5b+10$

2 （3）$y^2+8y+y+8$　　（4）$x^2-2x-3x+6$　　（5）$2x^2-10x+3x-15$

　　（6）$12a^2-3ab+20ab-5b^2$

3 （1）$x^2+xy+2x+2x+2y+4$　　（2）$a^2-ab+6a+ab-b^2+6b$

　　（3）$x^2+xy+5x-4x-4y-20$　　（4）$a^2-5a+ab-5b-2a+10$

P24 **1** （1）x^2+5x+6　　（2）$x^2+6x-16$　　（3）$y^2+2y-24$　　（4）$y^2-17y+72$

　　（5）$a^2+6a-40$　　（6）$x^2+x+\dfrac{2}{9}$

2 （1）x^2+2x+1　　（2）x^2-4x+4　　（3）$x^2+12x+36$　　（4）$y^2-10y+25$

　　（5）$4x^2-4x+1$　　（6）$9a^2+42a+49$

3 （1）x^2-16　　（2）x^2-25　　（3）$-x^2+36$　　（4）$a^2-\dfrac{1}{4}$

1 （1）$x^2+(2+3)x+2\times3$　　（2）$x^2+(8-2)x+8\times(-2)$　　（3）$y^2+(-4+6)y+(-4)\times6$

　　（4）$y^2+(-9-8)y+(-9)\times(-8)$　　（5）$a^2+(-4+10)a+(-4)\times10$

　　（6）$x^2+\left(\dfrac{1}{3}+\dfrac{2}{3}\right)x+\dfrac{1}{3}\times\dfrac{2}{3}$

2 （1）$x^2+2\times x\times1+1^2$　　（2）$x^2-2\times x\times2+2^2$　　（3）$x^2+2\times x\times6+6^2$

　　（4）$5^2-2\times5\times y+y^2$　　（5）$(2x)^2-2\times2x\times1+1^2$　　（6）$(3a)^2+2\times3a\times7+7^2$

3 （1）x^2-4^2　　（2）x^2-5^2　　（3）6^2-x^2　　（4）$a^2-\left(\dfrac{1}{2}\right)^2=a^2-\dfrac{1\times1}{2\times2}$

P25 **1** （1）2, 3, 5, 7, 11, 13, 17, 19　　（2）$2^3\times5$　　（3）$2^5\times3$

2 （1）$3x(x-1)$　　（2）$x^2(a+1)$　　（3）$4x(x-3y)$　　（4）$xy(2x-3y)$

　　（5）$a(a-3b+5)$　　（6）$2xy(2x-3y-5)$

3 （1）$(x+4)(x-4)$　　（2）$(x+7)(x-7)$　　（3）$(y+6)(y-6)$　　（4）$(2a+3)(2a-3)$

　　（5）$(5x+4)(5x-4)$　　（6）$(7x+9)(7x-9)$

1 （1）素数…1とその数のほかに　　（2）右のように小さいほうの　　$\begin{array}{r}2)40\\\hline2)20\\\hline2)10\\\hline5\end{array}$　　（3）$\begin{array}{r}2)96\\\hline2)48\\\hline2)24\\\hline2)12\\\hline2)\,6\\\hline3\end{array}$

　　　　約数がない自然数　　　　素数から次々に割ってい

　　　　　　　　　　　　　　　くと、素因数分解できる。

　　　　　　　　　　　　　（自然数を素数の積だけで表すこと）

2 （1）$3x\times x-3x\times1$　　（2）$x^2\times a+x^2\times1$　　（3）$4x\times x-4x\times3y$　　（4）$xy\times2x-xy\times3y$

　　（5）$a\times a-a\times3b+a\times5$　　（6）$2xy\times2x-2xy\times3y-2xy\times5$

3 （1）x^2-4^2　　（2）x^2-7^2　　（3）y^2-6^2　　（4）$(2a)^2-3^2$　　（5）$(5x)^2-4^2$　　（6）$(7x)^2-9^2$

P26 **1** （1）$(x+4)^2$　　（2）$(x+5)^2$　　（3）$(x-3)^2$　　（4）$(x-7)^2$　　（5）$(3x-2)^2$

（6）$(3x+1)^2$

2 （1）$(x+2)(x+4)$　　（2）$(x+2)(x+5)$　　（3）$(x+3)(x+5)$　　（4）$(a-2)(a-9)$

（5）$(y-1)(y-7)$　　（6）$(x-3)(x-7)$

3 （1）$(x-1)(x+7)$　　（2）$(x+2)(x-4)$　　（3）$(x-3)(x-10)$　　（4）$(x-5)(x+6)$

（5）$(x+4)(x-9)$　　（6）$(x+10)(x-12)$

1 （1）$x^2+2\times x\times 4+4^2$　　（2）$x^2+2\times x\times 5+5^2$　　（3）$x^2-2\times x\times 3+3^2$

（4）$x^2-2\times x\times 7+7^2$　　（5）$(3x)^2-2\times 3x\times 2+2^2$　　（6）$(3x)^2+2\times 3x\times 1+1^2$

2 （1）積が +8, 和が +6　　（2）積が +10, 和が +7　　（3）積が +15, 和が +8

（4）積が +18, 和が −11　　（5）積が +7, 和が −8　　（6）積が +21, 和が −10

3 （1）積が −7, 和が +6　　（2）積が −8, 和が −2　　（3）積が +30, 和が −13

（4）積が −30, 和が +1　　（5）積が −36, 和が −5　　（6）積が −120, 和が −2

P27 **1** （1）$3(x+1)(x+3)$　　（2）$y(x+1)(x-1)$　　（3）$4(1+3a)(1-3a)$

（4）$a(x+2)(x-3)$　　（5）$2(a+2b)(a-5b)$　　（6）$-5y(x-2)^2$

2 （1）$(x+y+6)(x+y-6)$　　（2）$(a+4)(a+2)$　　（3）$(x+7)(x-3)$

（4）$(a-1)(x+1)$　　（5）$(x+y-3)(x+y+5)$　　（6）$(a-2)(a-5)$

3 （1）10404　　（2）50

1 （1）$3(x^2+4x+3)$　　（2）$y(x^2-1)$　　（3）$4(1-9a^2)$　　（4）$a(x^2-x-6)$

（5）$2(a^2-3ab-10b^2)$　　（6）$-5y(x^2-4x+4)$

2 （1）$x+y=M$ とおくと, $M^2-36=(M+6)(M-6)$

（2）$a+4=M$ とおくと, $M^2-2M=M(M-2)$　より, $(a+4)(a+4-2)$

（3）$x+2=M$ とおくと, $M^2-25=(M+5)(M-5)$　より, $(x+2+5)(x+2-5)$

（4）$x(a-1)+(a-1)$　$a-1=M$ とおくと, $Mx+M=M(x+1)$　より, $(a-1)(x+1)$

（5）$x+y=M$ とおくと, $M^2+2M-15=(M-3)(M+5)$

（6）$a+1=M$ とおくと, $M^2-9M+18=(M-3)(M-6)=(a+1-3)(a+1-6)$

3 （1）$(100+2)^2=100^2+2\times 100\times 2+2^2$　　（2）$(x+y)(x-y)=(7.5+2.5)\times(7.5-2.5)=10\times 5$

P28 **1** （1）± 2　　（2）± 4　　（3）± 7　　（4）± 0.2　　（5）$\pm\dfrac{2}{5}$　　（6）± 11

2 （1）$\pm\sqrt{7}$　　（2）$\pm\sqrt{15}$　　（3）$\pm\sqrt{0.6}$　　（4）$\pm\sqrt{\dfrac{3}{5}}$

3 （1）8　　（2）−9　　（3）0.4　　（4）$-\dfrac{3}{5}$

4 （1）3　　（2）36　　（3）0.7　　（4）$\dfrac{5}{9}$

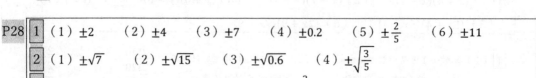

4 （1）$-\sqrt{3}$ は 3 の負の平方根なので, 2乗すると 3　　（2）$\sqrt{36}$ は 36 の正の平方根なので, 2乗すると 36

（3）$\sqrt{0.7}$ は 0.7 の正の平方根なので, 2乗すると 0.7

（4）$-\sqrt{\dfrac{5}{9}}$ は $\dfrac{5}{9}$ の負の平方根なので, 2乗すると $\dfrac{5}{9}$

P29

1 (1) $\sqrt{20}$　(2) $\sqrt{27}$　(3) $\sqrt{28}$　(4) $\sqrt{75}$　(5) $\sqrt{98}$　(6) $\sqrt{72}$

2 (1) $2\sqrt{5}$　(2) $10\sqrt{2}$　(3) $4\sqrt{5}$　(4) $6\sqrt{6}$　(5) $\dfrac{\sqrt{5}}{10}$　(6) $\dfrac{\sqrt{5}}{8}$

3 (1) $\dfrac{\sqrt{2}}{2}$　(2) $\dfrac{\sqrt{6}}{6}$　(3) $\dfrac{\sqrt{6}}{3}$　(4) $\dfrac{\sqrt{35}}{7}$　(5) $\dfrac{\sqrt{14}}{4}$　(6) $\dfrac{5\sqrt{3}}{6}$

1 (1) $2\sqrt{5} = 2\times\sqrt{5} = \sqrt{2^2}\times\sqrt{5} = \sqrt{2^2\times5}$　(2) $\sqrt{3^2\times3}$　(3) $\sqrt{2^2\times7}$

(4) $\sqrt{5^2\times3}$　(5) $\sqrt{7^2\times2}$　(6) $\sqrt{6^2\times2}$

2 (1) $\sqrt{4\times5} = \sqrt{2^2}\times\sqrt{5}$　(2) $\sqrt{100\times2} = \sqrt{10^2}\times\sqrt{2}$　(3) $\sqrt{16\times5} = \sqrt{4^2}\times\sqrt{5}$

(4) $\sqrt{36\times6} = \sqrt{6^2}\times\sqrt{6}$　(5) $\sqrt{\dfrac{5}{100}} = \dfrac{\sqrt{5}}{\sqrt{10^2}}$　(6) $\dfrac{\sqrt{5}}{\sqrt{64}} = \dfrac{\sqrt{5}}{\sqrt{8^2}}$

3 (1) $\dfrac{1\times\sqrt{2}}{\sqrt{2}\times\sqrt{2}}$　(2) $\dfrac{1\times\sqrt{6}}{\sqrt{6}\times\sqrt{6}}$　(3) $\dfrac{2\times\sqrt{6}}{\sqrt{6}\times\sqrt{6}} = \dfrac{2\sqrt{6}}{6}$　(4) $\dfrac{\sqrt{5}\times\sqrt{7}}{\sqrt{7}\times\sqrt{7}}$

(5) $\dfrac{\sqrt{7}}{\sqrt{2^3}} = \dfrac{\sqrt{7}}{2\sqrt{2}} = \dfrac{\sqrt{7}\times\sqrt{2}}{2\sqrt{2}\times\sqrt{2}} = \dfrac{\sqrt{14}}{2\times2}$　(6) $\dfrac{5\times\sqrt{3}}{2\sqrt{3}\times\sqrt{3}} = \dfrac{5\sqrt{3}}{2\times3}$

P30

1 (1) $\sqrt{42}$　(2) $\sqrt{10}$　(3) $-\sqrt{30}$　(4) $\sqrt{2}$　(5) $\sqrt{7}$　(6) $-\sqrt{7}$

2 (1) $6\sqrt{6}$　(2) $6\sqrt{6}$　(3) 45　(4) $-4\sqrt{6}$　(5) 48　(6) $6\sqrt{14}$

3 (1) $\dfrac{\sqrt{6}}{3}$　(2) $\dfrac{\sqrt{15}}{5}$　(3) $\dfrac{4\sqrt{3}}{3}$　(4) $\dfrac{3}{2}$　(5) $\dfrac{5\sqrt{6}}{12}$　(6) $-\dfrac{3\sqrt{2}}{2}$

1 (1) $\sqrt{6\times7}$　(2) $\sqrt{2\times5}$　(3) $-\sqrt{3\times10}$　(4) $\sqrt{\dfrac{10}{5}}$　(5) $\sqrt{\dfrac{21}{3}}$　(6) $-\sqrt{\dfrac{42}{6}}$

2 (1) $2\sqrt{3}\times3\sqrt{2} = 2\times3\times\sqrt{3}\times\sqrt{2} = 6\times\sqrt{6}$　(2) $3\sqrt{3}\times2\sqrt{2} = 3\times2\times\sqrt{3}\times\sqrt{2} = 6\times\sqrt{6}$

(3) $3\sqrt{3}\times5\sqrt{3} = 3\times5\times\sqrt{3}\times\sqrt{3}$　(4) $2\sqrt{2}\times(-2\sqrt{3}) = 2\times(-2)\times\sqrt{2}\times\sqrt{3}$

(5) $3\times2\sqrt{2}\times4\sqrt{2} = 3\times2\times4\times\sqrt{2}\times\sqrt{2}$　(6) $3\sqrt{2}\times2\sqrt{7} = 3\times2\times\sqrt{2}\times\sqrt{7}$

3 (1) $\dfrac{\sqrt{2}}{\sqrt{3}} = \dfrac{\sqrt{2}\times\sqrt{3}}{\sqrt{3}\times\sqrt{3}}$　(2) $\dfrac{\sqrt{3}}{\sqrt{5}} = \dfrac{\sqrt{3}\times\sqrt{5}}{\sqrt{5}\times\sqrt{5}}$　(3) $\dfrac{4\sqrt{2}}{\sqrt{6}} = \dfrac{4\sqrt{2}\times\sqrt{6}}{\sqrt{6}\times\sqrt{6}} = \dfrac{4\sqrt{12}}{6} = \dfrac{4\times2\sqrt{3}}{6}$

(4) $\dfrac{\sqrt{18}}{\sqrt{8}} = \dfrac{3\sqrt{2}}{2\sqrt{2}}$　(5) $\dfrac{\sqrt{50}}{\sqrt{48}} = \dfrac{5\sqrt{2}}{4\sqrt{3}} = \dfrac{5\sqrt{2}\times\sqrt{3}}{4\sqrt{3}\times\sqrt{3}} = \dfrac{5\sqrt{2\times3}}{4\times3}$

(6) $-\dfrac{\sqrt{45}}{\sqrt{10}} = -\dfrac{3\sqrt{5}\times\sqrt{10}}{\sqrt{10}\times\sqrt{10}} = -\dfrac{3\sqrt{50}}{10} = -\dfrac{3\times5\sqrt{2}}{10}$

P31

1 (1) $11\sqrt{3}$　(2) $2\sqrt{2}$　(3) $2\sqrt{6}$　(4) $2\sqrt{5}$　(5) $-5\sqrt{5}$　(6) $-2\sqrt{3}+\sqrt{10}$

2 (1) $3\sqrt{3}$　(2) $-\sqrt{2}$　(3) $\dfrac{2\sqrt{6}}{3}$　(4) 0

3 (1) $\sqrt{10}-4$　(2) $9+5\sqrt{3}$　(3) $23+8\sqrt{7}$　(4) 19　(5) $2\sqrt{3}$　(6) $3\sqrt{5}$

1 (1) $(6+5)\sqrt{3}$　(2) $5\sqrt{2}-3\sqrt{2} = (5-3)\sqrt{2}$　(3) $\sqrt{6}-2\sqrt{6}+3\sqrt{6} = (1-2+3)\sqrt{6}$

(4) $\sqrt{5}+3\sqrt{5}-2\sqrt{5} = (1+3-2)\sqrt{5}$　(5) $-2\sqrt{5}+3\sqrt{5}-6\sqrt{5} = (-2+3-6)\sqrt{5}$

(6) $(8-10)\sqrt{3}+(-1+2)\sqrt{10}$

2 (1) $\dfrac{3\times\sqrt{3}}{\sqrt{3}\times\sqrt{3}}+2\sqrt{3} = \sqrt{3}+2\sqrt{3}$　(2) $2\sqrt{2}-\dfrac{6\times\sqrt{2}}{\sqrt{2}\times\sqrt{2}} = 2\sqrt{2}-3\sqrt{2}$

(3) $\sqrt{6}-\dfrac{2\times\sqrt{6}}{\sqrt{6}\times\sqrt{6}} = \sqrt{6}-\dfrac{2\sqrt{6}}{6} = \dfrac{3\sqrt{6}}{3}-\dfrac{\sqrt{6}}{3}$　(4) $3\sqrt{5}-\dfrac{25\times\sqrt{5}}{\sqrt{5}\times\sqrt{5}}+2\sqrt{5}$

3 (1) $\sqrt{2}\times\sqrt{5}-\sqrt{2}\times2\sqrt{2}$　(2) $6+2\sqrt{3}+3\sqrt{3}+3$　(3) $7+8\sqrt{7}+16$

(4) $5^2-\left(\sqrt{6}\right)^2$　(5) $5\times\sqrt{3}-3\sqrt{3}$　(6) $2\times2\sqrt{5}-\sqrt{5} = 4\sqrt{5}-\sqrt{5}$

P32 **1** (1) $x=\pm3$　　(2) $x=\pm5$　　(3) $x=\pm\sqrt{7}$　　(4) $x=\pm\sqrt{10}$　　(5) $x=\pm\dfrac{1}{2}$

　　　(6) $x=\pm2\sqrt{2}$

2 (1) $x=3\pm\sqrt{7}$　　(2) $x=-5\pm3\sqrt{3}$　　(3) $x=-2\pm2\sqrt{3}$　　(4) $x=0,-10$

3 (1) $x=-3\pm\sqrt{13}$　　(2) $x=-1\pm\sqrt{3}$　　(3) $x=-4\pm\sqrt{21}$　　(4) $x=-5\pm\sqrt{23}$

---

1 (1) $x^2=9$　　(2) $x^2=25$　　(3) $x^2=7$　　(4) $x^2=10$　　(5) $x^2=\dfrac{1}{4}$　　(6) $x^2=8$

2 (1) $x-3=\pm\sqrt{7}$　　(2) $x+5=\pm\sqrt{27}$　　(3) $(x+2)^2=12$　$x+2=\pm\sqrt{12}$

　　　(4) $(x+5)^2=25$　$x+5=\pm5$

3 (1) 6の半分の2乗である3^2を両辺にをたす　$x^2+6x+3^2=4+3^2$　$(x+3)^2=13$　$x+3=\pm\sqrt{13}$

　　　(2) 両辺に1^2をたす　$x^2+2x+1^2=2+1^2$　$(x+1)^2=3$　$x+1=\pm\sqrt{3}$

　　　(3) 両辺に4^2をたす　$x^2+8x+4^2=5+4^2$　$(x+4)^2=21$　$x+4=\pm\sqrt{21}$

　　　(4) $x^2+10x=-2$　両辺に5^2をたす　$x^2+10x+5^2=-2+5^2$　$(x+5)^2=23$　$x+5=\pm\sqrt{23}$

P33 **1** (1) $x=\dfrac{-3\pm\sqrt{5}}{2}$　　(2) $x=-4\pm3\sqrt{2}$　　(3) $x=5\pm2\sqrt{7}$　　(4) $x=2\pm\sqrt{6}$

　　　(5) $x=2\pm\sqrt{10}$　　(6) $x=3\pm\sqrt{2}$

2 (1) $x=1,\ -\dfrac{7}{2}$　　(2) $x=\dfrac{-4\pm\sqrt{21}}{5}$　　(3) $x=\dfrac{-1\pm\sqrt{10}}{3}$　　(4) $x=\dfrac{-2\pm\sqrt{10}}{3}$

　　　(5) $x=\dfrac{3\pm\sqrt{3}}{2}$　　(6) $x=-\dfrac{2}{5},\ -1$

---

1 (1) $x=\dfrac{-3\pm\sqrt{3^2-4\times1\times1}}{2\times1}=\dfrac{-3\pm\sqrt{9-4}}{2}$

　　(2) $x=\dfrac{-8\pm\sqrt{8^2-4\times1\times(-2)}}{2\times1}=\dfrac{-8\pm\sqrt{64+8}}{2}=\dfrac{-8\pm\sqrt{72}}{2}=\dfrac{-8\pm6\sqrt{2}}{2}$

　　(3) $x=\dfrac{10\pm\sqrt{10^2-4\times1\times(-3)}}{2\times1}=\dfrac{10\pm\sqrt{100+12}}{2}=\dfrac{10\pm\sqrt{112}}{2}=\dfrac{10\pm4\sqrt{7}}{2}$

　　(4) $x=\dfrac{4\pm\sqrt{(-4)^2-4\times1\times(-2)}}{2\times1}=\dfrac{4\pm\sqrt{16+8}}{2}=\dfrac{4\pm\sqrt{24}}{2}=\dfrac{4\pm2\sqrt{6}}{2}$

　　(5) $x^2-4x-6=0$　$x=\dfrac{4\pm\sqrt{(-4)^2-4\times1\times(-6)}}{2\times1}=\dfrac{4\pm\sqrt{16+24}}{2}=\dfrac{4\pm\sqrt{40}}{2}=\dfrac{4\pm2\sqrt{10}}{2}$

　　(6) $x^2-6x+7=0$　$x=\dfrac{6\pm\sqrt{(-6)^2-4\times1\times7}}{2\times1}=\dfrac{6\pm\sqrt{36-28}}{2}=\dfrac{6\pm\sqrt{8}}{2}=\dfrac{6\pm2\sqrt{2}}{2}$

2 (1) $x=\dfrac{-5\pm\sqrt{5^2-4\times2\times(-7)}}{2\times2}=\dfrac{-5\pm\sqrt{25+56}}{4}=\dfrac{-5\pm\sqrt{81}}{4}=\dfrac{-5\pm9}{4}$　$x=\dfrac{-5+9}{4},\ \dfrac{-5-9}{4}$

　　(2) $x=\dfrac{-8\pm\sqrt{8^2-4\times5\times(-1)}}{2\times5}=\dfrac{-8\pm\sqrt{64+20}}{10}=\dfrac{-8\pm\sqrt{84}}{10}=\dfrac{-8\pm2\sqrt{21}}{10}$

　　(3) $x=\dfrac{-2\pm\sqrt{2^2-4\times3\times(-3)}}{2\times3}=\dfrac{-2\pm\sqrt{4+36}}{6}=\dfrac{-2\pm\sqrt{40}}{6}=\dfrac{-2\pm2\sqrt{10}}{6}$

　　(4) $x=\dfrac{-4\pm\sqrt{4^2-4\times3\times(-2)}}{2\times3}=\dfrac{-4\pm\sqrt{16+24}}{6}=\dfrac{-4\pm\sqrt{40}}{6}=\dfrac{-4\pm2\sqrt{10}}{6}$

　　(5) $x=\dfrac{6\pm\sqrt{(-6)^2-4\times2\times3}}{2\times2}=\dfrac{6\pm\sqrt{36-24}}{4}=\dfrac{6\pm\sqrt{12}}{4}=\dfrac{6\pm2\sqrt{3}}{4}$

　　(6) $x=\dfrac{-7\pm\sqrt{7^2-4\times5\times2}}{2\times5}=\dfrac{-7\pm\sqrt{49-40}}{10}=\dfrac{-7\pm\sqrt{9}}{10}=\dfrac{-7\pm3}{10}$　　$x=\dfrac{-7+3}{10},\ \dfrac{-7-3}{10}$

P34 1 （1） $x = -3, 5$　　（2） $x = -2, -4$　　（3） $x = 2, -7$　　（4） $x = 9, -5$

2 （1） $x = -1, -4$　　（2） $x = 4, -5$　　（3） $x = -2, 4$　　（4） $x = 4, 6$

（5） $x = -4, 5$　　（6） $x = 1$

3 （1） $x = 0, 6$　　（2） $x = 0, -1$　　（3） $x = 0, -9$　　（4） $x = 0, 6$　　（5） $x = 0, \dfrac{5}{3}$

（6） $x = 0, \dfrac{7}{2}$

1 （1） $x + 3 = 0$ または $x - 5 = 0$　　（2） $x + 2 = 0$ または $x + 4 = 0$

（3） $x - 2 = 0$ または $x + 7 = 0$　　（4） $x - 9 = 0$ または $x + 5 = 0$

2 （1） $(x + 1)(x + 4) = 0$　　 $x + 1 = 0$ または $x + 4 = 0$

（2） $(x - 4)(x + 5) = 0$　　 $x - 4 = 0$ または $x + 5 = 0$

（3） $(x + 2)(x - 4) = 0$　　 $x + 2 = 0$ または $x - 4 = 0$

（4） $(x - 4)(x - 6) = 0$　　 $x - 4 = 0$ または $x - 6 = 0$

（5） $(x + 4)(x - 5) = 0$　　 $x + 4 = 0$ または $x - 5 = 0$

（6） $(x - 1)^2 = 0$　　 $x - 1 = 0$

3 （1） $x(x - 6) = 0$　　 $x = 0$ または $x - 6 = 0$　　（2） $x(x + 1) = 0$　　 $x = 0$ または $x + 1 = 0$

（3） $x(x + 9) = 0$　　 $x = 0$ または $x + 9 = 0$　　（4） $3x(x - 6) = 0$　　 $x = 0$ または $x - 6 = 0$

（5） $x(3x - 5) = 0$　　 $x = 0$ または $3x - 5 = 0$

（6） $2x^2 - 7x = 0$　　 $x(2x - 7) = 0$　　 $x = 0$ または $2x - 7 = 0$

P35 1 （1） $x = -5, 3$　　（2） $x = 3$　　（3） $x = -1, -3$　　（4） $x = -2, -3$

2 （1） $x = 2, 6$　　（2） $x = -1, 4$　　（3） $x = 2, 8$　　（4） $x = 2, 4$　　（5） $x = 1, -4$

（6） $x = 5, -7$

1 （1） 両辺を -1 でわると, $x^2 + 2x - 15 = 0$　　 $(x + 5)(x - 3) = 0$

（2） 両辺を -2 でわると, $x^2 - 6x + 9 = 0$　　 $(x - 3)^2 = 0$

（3） 両辺を 2 でわると, $x^2 + 4x + 3 = 0$　　 $(x + 1)(x + 3) = 0$

（4） 両辺を 3 でわると, $x^2 + 5x + 6 = 0$　　 $(x + 2)(x + 3) = 0$

2 （1） $x^2 - 8x + 12 = 0$　　 $(x - 2)(x - 6) = 0$

（2） $2x^2 + x = x^2 + 4x + 4$　　 $x^2 - 3x - 4 = 0$　　 $(x + 1)(x - 4) = 0$

（3） $x^2 - 10x + 21 = 5$　　 $x^2 - 10x + 16 = 0$　　 $(x - 2)(x - 8) = 0$

（4） $x^2 - 4x + 6 = 2x - 2$　　 $x^2 - 6x + 8 = 0$　　 $(x - 2)(x - 4) = 0$

（5） $3x^2 - 24 = x^2 - 6x - 16$　　 $2x^2 + 6x - 8 = 0$　　 両辺を 2 でわると, $x^2 + 3x - 4 = 0$

$(x - 1)(x + 4) = 0$

（6） 両辺に 5 をかけると, $x(x + 2) = 35$　　 $x^2 + 2x - 35 = 0$　　 $(x - 5)(x + 7) = 0$

P36 1 （1）−12　　（2）31　　（3）−5.4　　（4）$\frac{1}{10}$　　（5）−5

2 （1）−70　　（2）12　　（3）−2　　（4）−66　　（5）−7

3 （1）$5000−600x$（円）　　（2）$8x$ cm　　（3）$10x$ cm²　　（4）$10a+b$

（5）$\frac{4}{5}a$ 円（$0.8a$ 円）

1 （4）$-\frac{5}{10}+\frac{6}{10}$

2 （3）$-\frac{1×4×3}{2×3×1}$　　（4）$-25×2−16$　　（5）$\frac{4}{5}×10−\frac{3}{2}×10$

3 （3）$\frac{1}{2}×x×20$　　（5）（値引き後の代金）＝（定価）×（1−値引きの割合）より，$a×\frac{8}{10}=\frac{4}{5}a$

P37 1 （1）1　　（2）−21　　（3）−2

2 （1）$2x+2$　　（2）$x+9$　　（3）$5a+8$

3 （1）$-12x$　　（2）$-5x−3$　　（3）$x+13$　　（4）$-6x−1$

4 （1）$120x=960$　　（2）$12a−30<2b$

1 （1）$3×2−5$　　（2）$2×2−(−5)^2$　　（3）$-\frac{1}{2}×2+\frac{1}{5}×(−5)$

2 （2）$2x−x+9$　　（3）$6a−3−a+11$

3 （3）$-3x+3+4x+10$　　（4）$-x+3−5x−4$

P38 1 （1）$x=11$　　（2）$x=−6$　　（3）$x=−26$　　（4）$x=4$　　（5）$x=42$

2 （1）$x=3$　　（2）$x=\frac{3}{4}$　　（3）$x=4$　　（4）$x=−\frac{7}{4}$　　（5）$x=2$

3 （1）$x=25$　　（2）$x=\frac{24}{5}$　　（3）$x=8$　　（4）$x=4$　　（5）$x=\frac{6}{7}$

1 （3）両辺に 2 をかける。$\frac{1}{2}x×2=−13×2$　　（4）両辺に $\frac{2}{7}$ をかける。$\frac{7}{2}x×\frac{2}{7}=14×\frac{2}{7}$

（5）両辺に 6 をかける。$\frac{x}{6}×6=7×6$

2 （2）$-x+17x=8+4$　　$16x=12$

（3）$-2×2x−2×(−1)+9=−5$　　$-4x+11=−5$　　$-4x=−16$

（4）両辺に 21 をかける。$\frac{x+1}{3}×21=\frac{1}{7}x×21$　　$7x+7=3x$　　$7x−3x=−7$

（5）両辺に 10 をかける。$3x=10−2x$　　$3x+2x=10$

3 （1）$3x=5×15$　　（2）$30x=16×9$　　（3）$0.3x=0.4×6$

（4）$3(x−1)=9$　　$3x−3=9$　　$3x=12$　　（5）$7x=\frac{3}{4}×8$　　$7x=6$

P39

1 （1）$5x - 10y$　　（2）$-x - 10$　　（3）$15a - 10b$　　（4）$3x + 2y$　　（5）$\frac{-2x+17y}{6}$

2 （1）$35x^2$　　（2）$4a^3$　　（3）$-36x^2$　　（4）$-16y^4$　　（5）$-x^3$

3 （1）$5y$　　（2）$6y$　　（3）$-4x$　　（4）$3x$　　（5）1

1 （2）$3x - 4x - 10$　　（3）$5 \times 3a - 5 \times 2b$　　（4）$-27x \div (-9) - 18y \div (-9)$

（5）$\frac{3(2x+5y)-2(4x-y)}{6} = \frac{6x+15y-8x+2y}{6}$

2 （2）$a \times 2a \times 2a$　　（3）$-(-6x) \times (-6x)$　　（5）$(-2x) \times (-2x) \times (-2x) \times \frac{1}{8}$

3 （3）$-\frac{10x^2 \times 2}{5x}$　　（4）$\frac{2x^2 \times 9}{3 \times 2x}$　　（5）$\frac{a^4 \times a}{a^5}$

P40

1 （1）54　　（2）-5

2 （1）$a = -8b + 17$　　（2）$x = \frac{y-4}{3}$　　（3）$y = \frac{-2x+5}{3}$

3 （1）$(x, y) = (2, 1)$　　（2）$(x, y) = (2, -5)$　　（3）$(x, y) = (-5, 3)$　　（4）$(x, y) = (-2, 3)$

（5）$(x, y) = (1, -2)$

1 （1）$3 \times 2 \times (-3) \times (-3)$　　（2）$2x - 3x + y = -x + y = -2 - 3$

3 （1）$\begin{cases} x - y = 1 \cdots ① \\ x + y = 3 \cdots ② \end{cases}$　　①＋②をすると，$2x = 4$　　$x = 2$

これを①へ代入　$2 - y = 1$　$y = 1$

（2）$\begin{cases} x + y = -3 \quad \cdots ① \\ 3x + 2y = -4 \cdots ② \end{cases}$　①×2　$2x + 2y = -6 \cdots ③$　　③－②をすると，$-x = -2$

よって，$x = 2$　　これを①へ代入　$2 + y = -3$　$y = -5$

（3）$\begin{cases} x = -2y + 1 \quad \cdots ① \\ 2x + 7y = 11 \cdots ② \end{cases}$　①を②へ代入すると，$2(-2y+1) + 7y = 11$　$-4y + 2 + 7y = 11$　$3y = 9$

よって，$y = 3$　これを①へ代入　$x = -2 \times 3 + 1 = -5$

（4）$\begin{cases} x - y = -5 \quad \cdots ① \\ \frac{x}{4} - \frac{y}{6} = -1 \cdots ② \end{cases}$　①×2，②×12　$\begin{cases} 2x - 2y = -10 \cdots ③ \\ 3x - 2y = -12 \cdots ④ \end{cases}$

③－④をすると，$-x = 2$　　$x = -2$　　これを①へ代入　$-2 - y = -5$　　$y = 3$

（5）$\begin{cases} 3x + 2y = -1 \quad \cdots ① \\ 4x - y - 7 = -1 \cdots ② \end{cases}$　②×2 をすると，$8x - 2y = 12 \cdots ③$　①＋③をすると，$11x = 11$

よって，$x = 1$　　これを①へ代入　$3 + 2y = -1$　　$y = -2$

P41

1 （1）$xy + 4x + 3y + 12$　　（2）$x^2 - 2x - 24$　　（3）$x^2 - 18x + 81$　　（4）$a^2 - 25$

（5）$x^2 - xy + x - 3y - 6$

2 （1）$2x(x - 2)$　　（2）$(x + 5)(x - 5)$　　（3）$(x + 6)^2$　　（4）$(y - 1)(y - 5)$

（5）$2(x + 2)(x - 5)$

3 （1）$9(x + 3)(x - 3)$　　（2）$(2x - 3y)^2$　　（3）$(x + y + 7)(x + y - 7)$　　（4）9604

（5）16

2 （5）$2(x^2 - 3x - 10)$

3 （1）$9(x^2 - 9)$　　（3）$x + y = M$とおく　$M^2 - 49 = (M + 7)(M - 7) = (x + y + 7)(x + y - 7)$

（4）$(100 - 2)^2 = 10000 - 400 + 4$　　（5）$(x - y)^2 = (27 - 31)^2$

P42

1 (1) ± 3 (2) -7 (3) 0.3 (4) $-7 > -\sqrt{50}$

2 (1) $\sqrt{10}$ (2) $-2\sqrt{5}$ (3) $-6\sqrt{6}$ (4) $\frac{\sqrt{21}}{7}$ (5) $-\frac{2}{3}$

3 (1) $8\sqrt{3}$ (2) $6\sqrt{2}$ (3) $3\sqrt{3}$ (4) $17 + 7\sqrt{5}$ (5) $20\sqrt{5}$

4 (1) 11 (2) $7 - 6\sqrt{7}$

1 (4) $-7 = -\sqrt{49}$

2 (2) $-\sqrt{2} \times \sqrt{2 \times 5} = -\sqrt{2^2 \times 5}$

3 (2) $4\sqrt{2} - 3\sqrt{2} + 5\sqrt{2}$ (3) $2\sqrt{3} + \frac{3 \times \sqrt{3}}{\sqrt{3} \times \sqrt{3}} = 2\sqrt{3} + \sqrt{3}$

(5) $7 \times 3\sqrt{5} - \sqrt{5} = 21\sqrt{5} - \sqrt{5}$

4 (1) $(x-1)^2 = (\sqrt{11} + 1 - 1)^2$

(2) $(x+3)(x-3) = (\sqrt{7} - 3 + 3)(\sqrt{7} - 3 - 3) = \sqrt{7}(\sqrt{7} - 6)$

P43

1 (1) $x = \pm\sqrt{5}$ (2) $x = \pm 3$ (3) $x = 2 \pm \sqrt{7}$ (4) $x = -3 \pm \sqrt{6}$

(5) $x = -3 \pm \sqrt{17}$

2 (1) $x = \frac{-1 \pm \sqrt{13}}{2}$ (2) $x = -3 \pm \sqrt{14}$ (3) $x = \frac{-5 \pm \sqrt{41}}{4}$ (4) $x = \frac{-3 \pm \sqrt{3}}{2}$

(5) $x = \frac{-1 \pm \sqrt{10}}{3}$

3 (1) $x = -5, 13$ (2) $x = -3, 7$ (3) $x = 0, \frac{7}{3}$ (4) $x = -1, -3$ (5) $x = 1, -3$

1 (1) $x^2 = 5$ (2) $3x^2 = 27$ $x^2 = 9$ (3) $x - 2 = \pm\sqrt{7}$ (4) $x + 3 = \pm\sqrt{6}$

(5) 両辺に 9 を加えて, $x^2 + 6x + 9 = 8 + 9$ $(x+3)^2 = 17$ $x + 3 = \pm\sqrt{17}$

2 (1) $x = \frac{-1 \pm \sqrt{1^2 - 4 \times 1 \times (-3)}}{2 \times 1}$ (2) $x = \frac{-6 \pm \sqrt{6^2 - 4 \times 1 \times (-5)}}{2 \times 1} = \frac{-6 \pm \sqrt{56}}{2}$

(3) $x = \frac{-5 \pm \sqrt{5^2 - 4 \times 2 \times (-2)}}{2 \times 2}$ (4) $2x^2 + 6x + 3 = 0$ $x = \frac{-6 \pm \sqrt{6^2 - 4 \times 2 \times 3}}{2 \times 2} = \frac{-6 \pm \sqrt{12}}{4}$

(5) $3x^2 + 2x - 3 = 0$ $x = \frac{-2 \pm \sqrt{2^2 - 4 \times 3 \times (-3)}}{2 \times 3} = \frac{-2 \pm \sqrt{4 + 36}}{6} = \frac{-2 \pm 2\sqrt{10}}{6}$

3 (2) $(x+3)(x-7) = 0$

(3) $3x\left(x - \frac{7}{3}\right) = 0$ $x = 0$ または $x - \frac{7}{3} = 0$

(4) $4(x^2 + 4x + 3) = 0$ $4(x+1)(x+3) = 0$

(5) 両辺に 3 をかける $x(x+2) = 3$ $x^2 + 2x - 3 = 0$ $(x-1)(x+3) = 0$

- 14 -